STÄDTISCHES MUSEUM HAUS ZUM CAVAZZEN LINDAU/B

Ingeborg Hoefelmayr (Möbel)
Annette Pfaff-Stöhr (Gemälde)
Christof Spuler (Skulptur, Kunsthandwerk)

Gesamtredaktion Christof Spuler
Aufnahmen Kurt Gramer

VERLAG SCHNELL & STEINER MÜNCHEN · ZÜRICH

Ausgewählte Literatur

Aschenbrenner, Wanda/Schweighofer, Gregor: Paul Troger, Leben und Werk, Salzburg 1965. – Baumgart, Fritz: Blumenbrueghel. Jan Brueghel d. Ä. Leben und Werk. Köln 1978. – Blümel, F.: Deutsche Öfen, München 1965. – Buchner, Ernst: Der Meister der Lindauer Beweinung, in: Das Münster, H. 3/4, 1951, S. 65f. – Bushart, Bruno: Deutsche Malerei des 17. und 18. Jh. Königstein i. T. 1967. – ders.: Zur Augsburger Malerei des Barock, in: Katalog der Ausstellung: Augsburger Barock. Augsburg 1968. – Dewiel, Lydia L.: Deutsche Fayencen, Heyne-Antiquitäten, Bd. 4545, München 1977. – Dolz, Renate: Gläser, Heyne-Antiquitäten, Bd. 4370, 5. Aufl., München 1976. – Egger, Gerhart: Beschläge und Schlösser an alten Möbeln, München 1973. – Erdmannsdorfer, Robert: Das alte Lindau. Eine städtebauliche Studie. Diss. TH München, 1920. – Fahrenkamp, Hans J.: Gobelins, Bildteppiche und Tapisserien, Heyne-Antiquitäten, Bd. 4523, München 1977. – Förg, Alfred (Hrsg.): Schießscheiben. Rosenheim 1976. – Gröber, Karl/Jordan, Alfred: Das Lindauer Heimatmuseum (Museumskatalog). Augsburg 1932 (vergriffen). – Gut, Werner/Donnenberger, Hermann: Ostschweizer Bauernmalerei, in: Schweizer Heimatbücher Nr. 164–167, Verlag Paul Haupt, Bern. – Haedeke, Hanns-Ulrich: Zinn, Ein Hdb. f. Sammler u. Liebhaber, Würzburg 1973. – Haller, Max: Rudolf Wacker. Katalog der Gemälde, Lustenau 1971. – Hayward, Helena u. a.: Möbel. Eine Stilgeschichte durch 4 Jahrtausende, Ebeling Verlag, Wiesbaden 1976. – Himmelheber, Georg: Die Kunst des deutschen Möbels, Bd. III, Klassizismus, Historismus, Jugendstil, Verlag C. H. Beck, München 1973. – Katalog 1 der Alten Pinakothek München: Deutsche und Niederländische Maler zwischen Renaissance und Barock. München 1961. – Katalog der Ausstellung: Hans Holbein d. Ä. und die Kunst der Spätgotik. Augsburg 1965. – Katalog der Ausstellung: Adam Elsheimer. Werk, künstl. Herkunft und Nachfolge. Frankfurt a. M. 1966. – Katalog der Deutschen und Niederländischen Gemälde bis 1550: im Wallraf-Richartz-Museum und im Kunstgewerbemuseum der Stadt Köln. Köln 1969, S. 88 (Meister der Lindauer Beweinung). – Katalog der Ausstellung: Meister Francke und die Kunst um 1400. Hamburg 1969. – Katalog der Ausstellung: Welt im Umbruch. Augsburg zwischen Renaissance und Barock. Augsburg 1980. – Klein, A.: Deutsche Fayencen, Braunschweig 1975. – Kreisel, Heinrich: Die Kunst des deutschen Möbels, Bd. I, Von den Anfängen bis zum Hochbarock, Verlag C. H. Beck, München 1968. – ders.: Die Kunst des deutschen Möbels, Bd. II, Spätbarock und Rokoko, Verlag C. H. Beck, München 1970. – Kugler, Anton: Bauernmöbel, Battenberg Antiquitäten Kataloge, München 1977. – Mory, Ludwig: Zinn in Europa, München 1932. – ders.: Schönes Zinn, München 1974. – Musper, H. Th.: Gotische Malerei nördlich der Alpen. Köln 1961. – Müller, Heidi: Volkstümliche Möbel aus Nordschwaben und den angrenzenden Gebieten, München 1975. – Nagel, Gert: Möbel, Battenberg Antiquitäten Kataloge, München 1977. – Ott, Margit: Das Ornament im bäuerlichen Kunsthandwerk des Kantons Appenzell, Zürich 1945. – Ricklinger, W.: Eine Lindauer Totentafel, in: Die Insel, Jhg. 1, Nr. 8, 1949 (20. August). – Ritz, Gislind M.: Alte geschnitzte Bauernmöbel, Verlag D. W. Callwey, München 1974. – Seidel, Max: Hinterglasbilder. Stuttgart 1978. – Spuler, Christof/Dobras, Werner: Lindauer Kunst- und Architekturführer, 2. Aufl., 1980. – Stange, Alfred: Deutsche Spätgotische Malerei 1430–1500. Königstein i. T. 1965. – Stolze, Alfred Otto: Der Museumsverein von 1918–1948, in: Neujahrsblatt 11 des Museumsvereins Lindau, 1949, S. 23–36. – Strieder, Peter: Die Entdeckung des Individuums, in: 1471. – ders.: Das dt. Kaufmannsbild im 15. und 16. Jh., in: Bartholomäus Welser und seine Zeit. Augsburg 1962. – Albrecht Dürer – 1971. Ausstellg. des German. Nationalmuseums Nürnberg, 1971, S. 281f. – Trachsler, Walter: Renaissance Möbel der deutschsprachigen Schweiz um 1520–1570, P. Haupt Verlag, Bern 1959. – ders.: Kastenmöbel des 17. Jhs. aus der deutschsprachigen Schweiz, Verlag P. Haupt, Bern 1969. – Voss, Heinrich: Franz von Stuck. Werkkatalog der Gemälde, München 1973. – Walzer, Albert: Baden-Württembergische Bauernmöbel, Teil I und II, in: Der Museumsfreund. Aus Heimatmuseen und Sammlungen in Baden-Württemberg, Heft 8/9, Heft 10/11, 1969. – Wiebel, Richard: Das Krel'sche Votivbild im Lindauer Museum, in: Bodenseeheimatschau 27, IX. (1934), S. 67f. – Wolfart, Karl: Zur Geschichte des Museumsvereins 1889–1918, in: Neujahrsblatt 11 des Museumsvereins Lindau, 1949, S. 7–22.

Die Bilder auf dem Umschlag zeigen auf der Vorderseite den Cavazzen vom Marktplatz aus; auf der Rückseite das Stobäuszimmer in der 1. Etage. Orientierungsplan auf der Innenseite des rückwärtigen Umschlags.

ABBILDUNGSNACHWEIS

Vordere Umschlagseite Werner Stuhler, Hergensweiler; S. 4, 38 Kulturamt Lindau; alle anderen Aufnahmen Verlag Schnell & Steiner (Kurt Gramer).

1. AUFLAGE 1980 ISBN 3-7954-0829-0

DIESE VERÖFFENTLICHUNG BILDET BAND 85 IN DER REIHE „GROSSE KUNSTFÜHRER" UNSERES VERLAGES. HERAUSGEBER DR. HUGO SCHNELL UND DR. PAUL MAI. – GESAMTHERSTELLUNG: ERHARDI DRUCK GMBH, REGENSBURG

VORWORT

Am 19./20. Juli 1930, vor nunmehr also exakt 50 Jahren, wurde das Städtische Museum in Anwesenheit des damaligen bayerischen Kultusministers Dr. Goldenberger im ,,Haus zum Cavazzen" feierlich wiedereröffnet. Vierzig Jahre zuvor, 1890, war ein erster Raum im 2. Obergeschoß des Alten Rathauses als Grundstock der heutigen Sammlungsbestände der Öffentlichkeit übergeben worden. Der bedeutende barocke Palast der Familie Seutter zu Loetzen am Marktplatz, eben jener seit fünfzig Jahren als Museum dienende ,,schönste Bürgerbau am Bodensee", ist vor genau 250 Jahren mit dem südlichen Annex, dem sog. ,,Kleinen Cavazzen", und einem heute leider nur fragmentarisch erhaltenen arkadenumstandenen Innenhof fertiggestellt worden. 250, 90, 50 Jahre: drei Jubiläen, derer angemessen gedacht werden sollte!

So faßte der Unterzeichnete 1977 den Plan, zum Jubiläumsjahr 1980 auf der Grundlage des heutigen Wissensstandes einen Museumsführer neu zu schreiben und zu bebildern. Der von Hans Gröber und Karl Jordan in verdienstvollster Weise 1932 herausgebrachte, gut lesbare und mit zahlreichen Aufnahmen ausgestattete Katalog war seit Jahrzehnten vergriffen. An einen unveränderten Nachdruck war aus leicht verständlichen Gründen (stark gestiegener Umfang der Kunstgegenstände, räumliche Erweiterung und Neuaufstellung) nicht zu denken.

Frau Dr. Annette Pfaff und Frau Dr. Hoefelmayr, beide aus Lindau, danke ich für die große Hilfe, die sie durch die Übernahme der Katalogarbeiten für Teilgebiete (Gemälde bzw. Möbel) der Städtischen Kunstsammlungen geleistet haben. Ohne sie wäre das ganze Unternehmen nicht zu verwirklichen gewesen.

Dem Kulturausschuß und dem Stadtrat, an seiner Spitze Herrn Oberbürgermeister Steurer, ist herzlich Dank zu sagen für die Bereitstellung der nicht unerheblichen Mittel für diesen Katalog. Auch der Museumsverein Lindau ist sich seiner Verpflichtung immer bewußt gewesen und hat das Erscheinen des neuen Museumsführers mit einem sehr ansehnlichen Betrag gefördert. Stellvertretend für alle Mitglieder möchte ich dem langjährigen 1. Vorsitzenden, Herrn Prof. Karl Martin, großen Dank aussprechen. Seine Hilfe und sein Interesse gingen weit über den Akt des bloßen Geldgebens hinaus!

Zuletzt darf ich mich bei den Herren des Schnell und Steiner Verlages, Herrn Josef Fink und dem Fotografen Kurt Gramer, für die gute Zusammenarbeit sowie das Entgegenkommen, das aus dem Verständnis für unsere finanzielle Situation erwuchs, bedanken. In der Reihe der ,,Großen Kunstführer" wird das traditionsreiche Haus am Lindauer Marktplatz mit seinen vielseitigen und stilvoll eingerichteten Sammlungen bestens aufgehoben sein.

,,Den" Gröber/Jordan konnten wir von seiner Ausführlichkeit in Text und Bild her nicht übertreffen und damit auch nicht vollwertig ersetzen. Wir haben – auch aus zeitlichen Gründen – eine Auswahl treffen müssen und haben dies unter Berücksichtigung des vorhandenen Platzes getan, indem wir das jeweils Bedeutende und Besondere in Text und Bild vorgestellt haben.

Dr. Christof Spuler

DIE SAMMLUNGEN UND IHRE GESCHICHTE

a. Die Jahre zwischen 1866 und 1929

Zu Beginn des letzten Jahrhunderts, dem Zeitalter der Romantik, besann man sich allenthalben auf das geschichtliche Erbe seiner Nation. Das so lange geschmähte Mittelalter, alle historischen Ereignisse seit der Völkerwanderung, altdeutsche Kunst und Dichtung, waren Gegenstand wissenschaftlicher Neugier. Mit geradezu unersättlichem Eifer wurde Material zu allen Wissensgebieten zusammengetragen. Nach einer ersten Etappe, dem Sammeln der Quellen, war die Basis geschaffen für die empirische Forschung.

In Bayern begann diese Bewegung mit König Ludwig I., erfaßte im wesentlichen jedoch nur die großen Städte, wo es zur Gründung ,,Historischer Vereine" kam; in Lindau war davon noch nichts zu verspüren. Dies änderte sich erst spät, dann aber grundlegend, nämlich 1866: Gustav Reinwald wurde als 3. Pfarrer an die Stephanskirche berufen. Zu seinen amtlichen Obliegenheiten gehörte auch die Leitung der städtischen Bibliothek. Bald nach seinem Dienstantritt befaßte er sich intensiv mit der Geschichte und den Denkmälern seiner neuen Heimat und deren näheren Umgebung. So verwundert es nicht, daß Reinwald zu den maßgeblichen Begründern des 1868 ins Leben gerufenen Bodenseegeschichtsvereins gehörte.

In den 80er Jahren betrieb er unauffällig, aber zielstrebig die erneuernde Umgestaltung des Alten Rathauses, in dem nach dem Abschluß der Arbeiten 1887 das städtische Archiv wohlgeordnet seinen Platz fand. In Absprache mit dem damaligen Bürgermeister v. Lossow war es sein entscheidendes Verdienst, ,,die der Stadt gehörigen, im Alten Rathaus und da und dort zerstreuten alten Bilder und Geräte zu sammeln und auch im Rathaus aufzustellen" sowie ,,die Bevölkerung aufzufordern, alte Familienstücke zu dieser Sammlung herzuschenken, zu leihen oder zu verkaufen, kurz: ein städtisches Museum zu gründen."

Zu diesem Zweck wurde der heutige ,,Rungesaal" im Dachgeschoß hergerichtet. Am 25. 1. 1889 konstituierte sich der ,,Museumsverein", dessen satzungsgemäß wichtigsten Ziele der Ausbau der Sammlungsbestände, die Verbreitung der Kenntnis heimischer Kunst, die Erhaltung der Baudenkmäler und die Beschäftigung mit der Lindauer Geschichte waren (und sind).

1890 wurde der Saal der Allgemeinheit zugänglich gemacht: Damit war das Städtische Museum geboren (siehe Abb. unten).

Wie fast immer war der Anfang nicht leicht. Die zahlreichen Brände insbesondere des 18. Jhs. hatten viele Schätze zerstört, die ignorante Geisteshaltung des folgenden hatte das Überkommene einfach verrotten lassen, wenn nicht gar bewußt vernichtet.
Schließlich hatten die Lindauer etwa zwanzig Jahre lang sammlungswürdige Gegenstände an das für den gesamten Bodenseeraum zuständige Museum in Friedrichshafen abgeliefert, die man nun natürlich zurückzuerhalten hoffte.
Wie der erste Bestand des heutigen städtischen Kunstbesitzes erworben wurde und wie er sich dem Besucher darbot, schildert der Chronist sehr anschaulich: Man wandte sich „in Reden und gedruckten Aufrufen an die Bevölkerung und fand ein lebhaftes Echo. Das Handwerk (...) sah mit Stolz den Gewerbefleiß der Vorfahren an die Öffentlichkeit treten, die alten Geschlechter sahen ihre Ehre, die Namen und die Taten ihrer Ahnen ans Licht gezogen. So trug, wer konnte, etwas bei, brachte eine alte Urkunde, ein in Ehren gehaltenes Hausgerät oder Geschirr, ja die Puppenküche der Rokokozeit, ein Kostüm, eine Haube, ein Taufkleidchen als Leihgabe oder als Geschenk zum Museum. Gold- und Silberschmuck, Münzen, Uhren füllten die Glaspulte, Ahnenbilder, Ansichten von Lindau und seinen Straßen bedeckten die Wände, alte Uniformen und Waffen hingen an den Wänden des Saales und die mächtigen Schränke, Bettstellen, Truhen fanden in geschmackvoller Anordnung ihre Aufstellung im Raume. Man begnügte sich (bei der Systematisierung des eintreffenden Materials) mit den tiefen Fensternischen, in die das ‚Gauppstübchen' mit den astronomischen Instrumenten (...), das ‚Großmutterstübchen' mit einigem altem Hausrat, Lampe, Brille auf dem aufgeschlagenen Gebetbuch und alten Bildern hübsch angeordnet war, und dem ‚Empirestübchen' mit den Bildermappen voll Ansichten von Alt-Lindau und wichtigen Bildern an den Wänden (...). Aber im übrigen großen Saal mußte man, so gut es ging, alte Möbel, Glasschränke und Pulte mit Ausstellungsgegenständen allmählich aneinanderreihen und einen malerischen Gesamteindruck unter der schönen Holzbalkendecke erstreben, was auch (...) recht wohl gelang."
So entstand im Lauf der Jahre ein Heimatmuseum, in welchem aber auch besonders schöne Stücke von außerhalb ihren Platz fanden, sofern sie von Lindauer Bürgern gesammelt worden waren.
Die Besucherzahlen des um die Jahrhundertwende um einige Nebenräume und Gänge erweiterten Museums beliefen sich zwischen 1900 und 1910 auf ca. 5000 pro Jahr, sehr beachtlich im Hinblick auf den damals noch bescheidenen Tourismus!
Nach verschiedenen Großeinkäufen war der vorhandene Platz schon vor dem ersten Weltkrieg total erschöpft; so freute man sich seit 1913 geradezu, wenn nicht viel kam, aus Geld- wie aus Raumgründen, wie der ehrenamtliche Konservator seinerzeit notierte. Dennoch wurden in jenen Jahren u. a. Ankäufe ganzer Wohnungseinrichtungen getätigt, die nach dem Umzug in den Cavazzen zu zentralen Stilräumen arrangiert wurden, etwa das 1916 erworbene „Biedermeier"- und „Stobäuszimmer", so benannt nach einem früheren Bürgermeister der Stadt. Neben Möbeln, Gemälden und Graphik aus Privatbesitz wurden aus dem ehemaligen Bodensee-Zentralmuseum in Friedrichshafen insbesondere die Bildnisse Lindauer Patrizier zurückerworben.
Man kann sich vorstellen, daß die im Rücktritt gipfelnde Kritik des nebenamtlichen Konservators Morhart 1923, die den Gesamtzustand der Sammlungen und die Raumnot, die Unübersichtlichkeit und insbesondere die Unzulänglichkeit der wissenschaftlichen Betreuung betraf, kaum übertrieben war.

b. Die Jahre von 1929 bis 1980

Ein noch relativ glimpflich verlaufener Brand im Kleinen Sitzungssaal des Alten Rathauses am 29. Januar 1929 erwies sich für das Museum im nachhinein als Glücksfall. Die Sammlungen blieben zwar unversehrt, aber der Schock saß doch so tief in den Gliedern, daß die Diskussion um die Zukunft des Museums neu aufflammte. Durch eine ungewöhnlich großherzige Tat des Lindauer Ehepaares Ludwig und Lydia Kick wurden indessen alle Probleme grundsätzlich und zukunftsweisend gelöst. Ludwig Kick erwarb 1929 von der Familie Seutter von Loetzen deren 1728–30 erbautes barockes Patrizierpalais am Markplatz, das „Haus zum Cavazzen", und stiftete dies der Stadt mit der Auflage, darin die Sammlungen einzurichten. Darüberhinaus stellte er die Mittel für den Umbau der Räume und deren Ausgestaltung zu musealen Zwecken bereit.

Ludwig Kick, geboren zu Lindau am 29. März 1857 und in biblischem Alter am 4. August 1947 in Zürich verstorben, war Zeit seines Lebens der Vaterstadt gegenüber ein weitherziger Mäzen. Dank Umsicht und Tatkraft als Unternehmer in den USA vor und um die Jahrhundertwende zu Wohlstand gelangt, blieb er seiner Heimat, die er immer wieder besuchte, auf das engste verbunden. Er verkörperte alle Bürgertugenden in ausnehmendem Maße. Selbstverständlich gehörte er dem Museumsverein an, der ihn am Tage seines 90. Geburtstages am 29. 3. 1947 zu seinem Ehrenmitglied machte und seiner mit einer von Lothar Dietz geschaffenen Broncebüste gedachte. Diese fand ihren würdigen Platz im 1. Stock des Cavazzen unter der verkohlten Holzbalkendecke des Kleinen Sitzungssaales des Alten Rathauses, dadurch stets an das auslösende Moment des Umzugs der Sammlungen in das neue Domizil erinnernd. Die Stadt ehrte seine immensen Verdienste bereits 1924 (also vor der Cavazzenstiftung!), indem sie ihm als höchste Auszeichnung die Ehrenbürgerwürde verlieh.
Im Juli 1930 war die Neuaufstellung im Cavazzen abgeschlossen. Mit einem Festakt am 19./20. Juli wurde das Haus in Anwesenheit des bayer. Kultusministers seiner Bestimmung übergeben. Davon kündet eine Ehrentafel, die im Jahre darauf im Eingangsraum im Parterre des Museums in die Mauer eingelassen wurde.
Die bedeutendste Erwerbung des nächsten Jahrzehnts war die schöne Ulmer Madonna von etwa 1470 aus der Werkstatt Hans Multschers (1940, RM 10 000). In die kurze Tätigkeit Frau Dr. Saurens (erstmals hauptamtlich als Konservator bestellt) fiel auch der Ausbau des Dachgeschosses für eine geplante volkskundliche Abteilung. Dr. Sauren als Konservator vorangegangen von 1923–1939 war der sehr engagierte und fähige Autodidakt Hans Jordan. Ihm folgte von 1942–1958 als „Museumsdirektor" Dr. W. Ricklinger, der sich durch die Herausgabe von kleinen Bildheften zu Teilbereichen der Kunstsammlungen und durch populär gehaltene historische Chroniken einen Namen um den Cavazzen gemacht hat.
Gleich 1943 wurden die Bestände um eine größere Anzahl wertvoller Gemälde, Waffen, Zinngefäße u. a. aus dem Nachlaß Baron Lochners von Hüttenbach sinnvoll ergänzt bzw. abgerundet. Es würde in diesem Rahmen zu weit führen, eine auch nur grobe Übersicht über die Neuerwerbungen der letzten Jahrzehnte zu geben. Verallgemeinernd kann man jedoch sagen, daß die Stilräume im 1. Stock in den fünfziger Jahren ihr Gesicht erhielten, die übrigen Zimmer wie auch alle Räume des 2. Obergeschosses in den Jahren zwischen 1960 und 1974, der Amtszeit von Frau Dr. Rieger, völlig neu geordnet und um etliche Ankäufe bereichert wurden („Bayreuth-Zimmer", Jugendstilzimmer, Ankauf des „Marientodes" von Es. Gruber d. J., 1963). Insbesondere aber wurde das Dachgeschoß, im Rohbauzustand seit den Vierziger Jahren, wirkungsvoll und überzeugend in die museale Gestaltung einbezogen.
Zuletzt wurden lediglich optische und gestalterische Verbesserungen durchgeführt, um das vorhandene Material möglichst wirkungsvoll zur Geltung zu bringen.
Abschließend darf man sagen, daß der Cavazzen und die Sammlungen sich glücklich ergänzen und gegenseitig in ihrer Wirkung steigern, und daß eine gewisse Vollständigkeit erreicht ist. Ankäufe größeren Stils, Schenkungen oder Leihgaben sind guten Gewissens kaum mehr unterzubringen, es sei denn, der Ausbau des „Kleinen Cavazzen" ermöglicht die Verlegung der Wechselausstellungen,

die ja vier sehr schöne Räume der 2. Etage beanspruchen. Mit der Einrichtung dieser Zimmer zu Stilräumen wäre ein wünschbarer letzter Schritt in der Neuordnung der städtischen Kunstsammlungen erreicht. Die Aufmerksamkeit könnte (und sollte) sich dann auf die Betreuung der Besucher durch audio-visuelle Geräte und die museumspädagogische Bildung der Schüler und Erwachsenen konzentrieren.

Zusammenfassung

Den Zielen der Vorstandschaft eines lokal orientierten historischen ,,Museumsvereins Lindau" zufolge war lediglich die Insel und das nicht allzugroße Gebiet der freien Reichsstadt auf dem benachbarten Festland der geographische Rahmen für den Aufbau der Sammlungen. So war von Anbeginn ein ,,Heimatmuseum" konzipiert und daran hat sich bis heute nur begrenzt etwas geändert. Das besagt freilich nur, daß die Gegenstände von *Bürgern dieser Stadt erworben oder geschenkt wurden, nicht jedoch, daß sie hier auch entstanden sind.* Patrizier wohnten anspruchsvoller als einfachere soziale Schichten; Verwaltungsgebäude und Repräsentatiosräume der acht Zünfte besaßen gleichfalls eine höherwertige Ausstattung. Schließlich trug das adelige Damenstift in Lindau zu einer künstlerischen Vielfalt bei, die sich noch in manchem Museumsstück widerspiegelt.
So wird man viele Gebrauchsgegenstände bis hin zu dem weit überörtlich bedeutenden Lindauer Zinn als hier gefertigt ansehen dürfen; Prunkstücke dagegen finden sich aus dem Bodenseegebiet, Oberschwaben und aus Augsburg, dem künstlerischen Zentrum der Region über viele Jahrhunderte.
Damit wird der Cavazzen als ein lokales *und* regionales kulturhistorisches ,,Heimatmuseum" richtig definiert: Die Bestände resultieren aus Lindauer *Besitz*, sind aber bei weitem nicht nur heimische *Arbeiten.*

Dr. Christof Spuler

DER CAVAZZEN

Geschichte

In der Nacht vom 15. auf den 16. September 1728 legte ein verheerender Brand das Stiftsviertel mit Ausnahme der Stephanskirche in Asche. Bald nach dem Unglück kam der Appenzeller Baumeister Jakob Grubenmann (geb. 14. 1. 1694 in Teufen) mit eigenen Werkleuten in die Inselstadt. Er erbot sich, einen Grundriß und ein Modell zu fertigen, wofür er bei Gefallen den Wiederaufbau übernehmen wolle. So kam es mit dem Besitzer des Cavazzen-Anwesens, Johann Michael von Seutter, und anderen zu einer Übereinkunft und zum Vertragsabschluß. Während der Bauarbeiten, im Sommer 1729, kam es zu handfesten Protesten Lindauer Zunftmeister wegen der Nichtbeschäftigung einheimischer Handwerker. Wenngleich sie nach einiger Zeit ihr Ziel erreichten und der Schweizer die Stadt verließ, so ist unbestritten, daß der Cavazzen nach seinen Plänen entstand. Grubenmanns Handschrift erkennt man besonders an dem großartigen Dachstuhl, der sich in der äußeren Erscheinung über dem neunachsigen, dreigeschossigen Bau als geschweiftes, zweistufiges Walmdach imponierend ausnimmt. Parallel dazu entstand südlich anschließend ein schlichterer Anbau für den dritten Bruder Gottlieb, der sog. ,,Kleine Cavazzen". Im Winkel zwischen beiden Gebäuden liegt ein kleiner Hof, an dessen Innenseite, über dem Tor, eine Wappenkartusche das Datum der endgültigen Fertigstellung nennt: 1730.
Das ,,barocke" Hauptportal ist auf einem gegen 1800 datierten Grundriß des Anwesens nocht nicht verzeichnet, muß also danach gemeißelt worden sein (ein exaktes Datum ist nicht bekannt). Weitere bauliche Eingriffe gab es im 19. Jh., als im Erdgeschoß eine Bank eingerichtet wurde, was eine zweite Tür zum Marktplatz bedingte und ein neues Stichkappengewölbe. Der Brand des Alten Rathauses am 29. 1. 1929, bei dem fast die dort aufbewahrten Sammlungen vernichtet worden wären, gab den Anlaß zum Ankauf des Cavazzen durch die Lindauer Bürger Ludwig und Lydia Kick, die den gesamten Bau als HEIMSTÄTTE DES LINDAUER MUSEUMS bestimmten. Dessen Einweihung konnte dann am 19. Juli 1930 gefeiert werden. 1931 und 1962/63 wurden die Fresken an

der Marktplatzfassade restauriert, während die der Cramergasse zu gelegene Nordseite durch Josef Lorch 1963 in Anlehnung an die barocke Dekoration der Schauseite bemalt wurde. Das Witterungs- und Umwelteinflüssen gegenüber nicht sehr widerstandsfähige Baumaterial, graugrüner Rorschacher Schilfsandstein, machte es 1951/52 nötig, alle Fenstergewände und bauplastischen Dekorationen gegen einen Kunststein auszuwechseln.

Name

Ein Rochus de Kawatz kaufte 1553 ,,das große Eckhaus am Baumgarten" und etwas später noch das daneben befindliche Wirtshaus ,,Zur Trauben". Sein ältester Sohn Antonius übernahm die Häuser; 1617 verschwindet das Geschlecht aus Lindau; ein Marx von Kawatz ist der letzte greifbare Vertreter. Wer die Anwesen bis 1728 besessen hat, wissen wir nicht. Erst in jenem Jahre jedenfalls erwarben die 1610 von Kempten zugezogenen v. Seutter das Brandgrundstück und wohnten bis 1929 dort. Der Name ,,Cavazzen" wird von dem aus der Lombardei zugezogenen Geschlecht der de Kawatz (ital. ,,da Cavazzo") abgeleitet als den früheren Besitzern des Grundstücks. Eine weitere denkbare Herleitung des Namens ergibt sich aus der Tatsache, daß auf dem davor gelegenen Marktplatz Lombarden das Pfand- und Leihgeschäft betrieben (neben den Juden betreiben durften), die nach ihrem in Südfrankreich gelegenen Zentrum diesseits der Alpen, Cahors, im schwäbischen als ,,Kawertschen" bezeichnet worden sind.

Bedeutung

Nicht zu Unrecht hat man diesen statiösen Bau, der die Westseite des Platzes grandios beherrscht, ,,das schönste Bürgerhaus am Bodensee" tituliert. Dieser barocke Palazzo mit dem nach Norden verschobenen Säulenportal und dem nahtlos einbezogenen ,,Kellerhals" des Vorgängerbaus, seinen neun Fensterachsen in drei Etagen, die durch scharf profilierte Gesimse und kurvige Profile Relief und Struktur erhalten, steckt noch voller Rätsel. Wir kennen weder den Entwerfer der Fassade (sicher nicht Grubenmann) noch den Freskanten, der der Oberfläche des Cavazzen erst die Individualität und Bedeutung gab, die er zweifelsohne hat. Sicher ist nur, daß sie der Erbauungszeit zugehört. Dargestellt sind typisch barocke, überall wiederkehrende Themen: Im Erdgeschoß mächtige Atlantenhermen, die die Fenster flankieren. Die Fensterdachung tragen nach Art romanischer Portale ruhende Löwen. Im ersten Obergeschoß finden sich entsprechende Atlanten, üppige weibliche Hermen, statt der Löwen und Sphingen. Im obersten Geschoß füllen Urnen- und Fruchtgehänge die Felder. Die Einheitlichkeit der Malerei unterbricht nur der Armbrustschütze mit dem Hund rechts über der Altane. Der Künstler wurde in Südtirol und in Italien vermutet, ohne daß bis heute wirklich überzeugende Zuschreibungen gemacht worden wären. Unumstritten ist dagegen die vorzügliche Qualität der Darstellungen. Da die Bauakten jener Jahre nicht mehr vorhanden sind, werden wir den Namen des Architekten, der das Äußere entworfen hat, wie den des Freskanten der Schauseite des Gebäudes wohl nie erfahren.

Dr. Christof Spuler

KATALOG

Maßangaben: grundsätzlich Höhe vor Breite; bei Gemälden ohne den Rahmen

SÄNFTE

165:170:69 cm (Höhe:Länge:Breite)
Holz, Mitte 18. Jh.
Inv. Nr. Möb. F 165; erworben 1907
Vorhalle

In ein Rahmengestell aus goldbronzierten Holzleisten sind dünnere Holzbretter zum Verkleiden der Wandungen eingefügt. Sie sind mit grauen Rocaillen und bunten Streublumenmustern in Öl reich bemalt. Die Schauseite der Sänfte verrät den Besitzer: Umrahmt von Rocaillen und Streublumen findet sich das in Holz geschnitzte Wappen der Lindauer Familie v. Curtabatt. Auf dem Grundgestell der Sänfte sitzt, aufklappbar und hinten an der Rückseite in zwei Scharnieren beweglich, das Verdeck auf. Es besteht aus regenundurchlässigem, schwarz geteertem Drahtgeflecht. An den vier Enden hocken kleine holzgeschnitzte, schildhaltende Löwen.

Das Innere der Sänfte ist gepolstert, die Fenster werden durch Seidenvorhänge verhängt.

Dahinter an der Wand ist eine gußeiserne Ofenplatte von 1763 zu erkennen, die von einem Kachelofen im großen Sitzungssaal des Alten Rathauses in Lindau stammt. Sie ist in Königsbronn gegossen worden (99:86 cm, Inv. Nr. OE7).

PRUNKSCHLITTEN

205:74:220 cm (Gesamthöhe:Sitzhöhe:Länge)
Holz, Mitte 18. Jh.
Inv. Nr. Möb. F 161; 1909 als Leihgabe erhalten
Vorhalle

Am Bug in einer Rocaille-Kartusche die Sonne aus dem Pfisterschen Wappen und der geharnischte Ritter mit buntem Federbusch und eingestütztem linkem Arm, wie ihn das Pfistersche Familienwappen – aus der Helmzier herauswachsend – zeigt. Die beiden Schlittenkufen, die am rückwärtigen Ende je in einer Rocaille auslaufen und auch weiter vorne mit Riefen und Rocaille-Ornamentik geschmückt sind, sind am Bug steil hochgezogen und vereinigen sich in zwei Meter Höhe in einen Blattkelch, aus dem ein bunter Federbusch herauswächst. An diesen beiden Schlittenhörnern, die noch durch eine breite, kräftig verzierte Deichselstange verstärkt wurden, ist eine vergoldete und üppig geschmückte feststehende Querstange angebracht, an deren beiden Enden an Samtgurten zwei kleinere bewegliche Deichseln befestigt sind, an die je ein Pferd angeschirrt wurde.

Der langgestreckt schmale Sitz ist offensichtlich für zwei Personen gedacht; vorn ein leicht verbreiterter Herrensitz, rückwärts ein einseitiger Damensitz, dem eine Fußstütze auf der linken Seite zugeordnet ist. Ein dritter Sitz ist viell. auf dem rückwärts herausstehenden Pfauenschweif für einen Bediensteten zu denken. Der Leib der Sitzbank, verschließbar, ist geschuppt und silbriggrau gestrichen. Besonderen Anteil an der

kostbaren Wirkung des Gefährts hat die grün/blau/goldne Farbgebung mit ihrer Vorliebe für metallischen Glanz.
An der Wand sieht man die Porträts von Johann Michael Seutter von Lötzen (1682–1766), des Bauherrn des Carazzen, und seiner Gattin Veronica; gemalt gegen 1720.

EIN PAAR ZIERSTÜCKE

je 60 cm hoch
Lindenholz, ungefaßt, 2. Hälfte 16. Jh.
Inv. Nr. P 14
Treppenhaus zwischen EG und I. Etage

Es handelt sich wohl um ehem. Schrank-, Portal- oder Stuhlbekrönungen. Am unteren Ende der doppelt gerollten Akanthusranke wachsen die Körper zweier antikischer Figuren heraus, die Keulen schwingen. Die Schnitzerei von Mann und Frau wirkt insgesamt weniger gekonnt und flüssig als das Rankenwerk, in der Wiedergabe der Anatomie fast ein wenig unbeholfen. Von der Lokalforschung wird das Reliefpaar der Hand des Memminger Schnitzers Thomas Heidelberger (1540–1590) zugewiesen. Insgesamt eine gute Arbeit.

STADTANSICHT

73,5:59 cm
Öl auf Holz
um 1600
Jacob Scherer
Inv. Nr. ÖLLD 24
Treppenhaus zwischen EG und I. Etage

Stadtansicht von Lindau mit umgebenden Ufern aus der Vogelschau in blasser, graugrün-roter Farbigkeit. Im Vordergrund Aeschacher Gelände mit der alten Siechenkapelle St. Gangolf. Links die steinerne Landtorbrücke, auf dem kleinen See zwei Ruderboote und eine Gondel, auf deren Zeltdach die beiden Wappen der Stadt mit der Kaiserkrone dargestellt sind. Im Mittelgrund, von Palisadenreihen umgeben, die Stadt, deren Wiedergabe jedoch topographisch sehr ungenau ist. Die von Gärten bestandene hintere Insel ist nur zum Teil zu sehen. Am oberen Bildrand, im Hintergrund, erkennt man die bewaldeten Höhen des gegenüberliegenden Ufers; auf dem See dazwischen eine beladene Lädine. Die Horizontlinie liegt

knapp unterhalb des oberen Bildrandes (vgl. hierzu die ähnliche Wiedergabe der Landschaft auf der Dellerschen Totentafel von 1604 in Raum 13).
In der rechten unteren Ecke eine hochovale, von Hermen und Rollwerk gerahmte Kartusche, die den Lindenbaum zeigt und folgende Umschrift: „Jacob UM----Genant Scherer----Underer----Baumeister“. Dieser ist uns aus den Ratsprotokollen im Zusammenhang mit Bauvorhaben der Stadt im 1. Viertel des 17. Jhs. bekannt und wohl der Stifter des Bildes.

ZWEI WAPPENKARTUSCHEN

87 und 90 cm hoch
Lindenholz, ungefaßt, ca. 1680
erworben 1907
Inv. Nr. P 11 a, b
Treppenhaus zwischen EG und I. Etage

Die Kartuschen, deren eine den Lindenbaum, die andere den doppelköpfigen, reichsstädtischen Adler, also das offizielle Lindauer Wappen, wiedergeben, sind eingefaßt von manieristischen Fratzen und Masken mit weit aufgerissenen Rachen sowie verschiedenen Früchten, die zu dichten Girlanden zusammengefaßt sind. Die ursprüngliche Bestimmung dieser beiden Gegenstücke konnte bisher nicht ermittelt werden.

RECHTSGELEHRTER DR. VALENTIN HEIDER

88,5:71 cm
Öl auf Leinwand
Kopie von 1847
Inv. Nr. ÖLBP 15 b
I. Etage, Raum 1

Halbfigurenbild des weit über Lindau hinaus bekannten, bedeutenden Rechtsgelehrten Dr. Valentin Heider (1605–1664 in Lindau). Als Gesandter vertrat er die Freie Reichsstadt in Wien, Regensburg, Nürnberg sowie auf den schwäbischen Kreistagen und während der Verhandlungen zum Westfälischen Frieden 1648 in München. Die Münze, die er an goldener Kette trägt, war das Geschenk der Stadt Lindau für all die Verdienste, die er sich um seine Heimat erwarb.
Kopie von Böhler 1847 nach dem im Alten Rathaus befindlichen Originalgemälde von ca. 1650.

BILDNIS DES OSWALD KRÖL

48:37 cm, zugehörig zwei Seitentafeln
Öl auf Holz, um 1930
Kopie nach Dürer von Emil Boehm, München
Inv. Nr. ÖLPP 22
I. Etage, Raum 1 (Stirnseite)

Diese moderne Kopie nach Dürers Gemälde in der Münchner Pinakothek stellt den 1495–1503 in Nürnberg tätigen Kaufmann, den Vertreter der Großen Ravensburger Handelsgesellschaft Oswald Kröl (oder Krell, beide Schreibweisen sind seit altersher gebräuchlich)– bei Dürer Oswolt Krel 1499 bezeichnet – aus der angesehenen Lindauer Kaufmannsfamilie dar und gibt uns heute Aufschluß über Person und Ansehen eines begüterten Patriziers unserer Stadt aus der Zeit um 1500.
Nach der Rückkehr in seine Vaterstadt leitete Kröl hier die Filiale seiner Ravensburger Gesellschaft, war 1511 Bürgermeister, 1512 Stadtamtmann und 1517 wieder als Bürgermeister auf dem Reichstag in Augsburg, wo er für Lindau einige Freiheiten erwirkte; für die Einführung der Reformation in Lindau hat er sich besonders eingesetzt, 1534 ist er hier auch gestorben.
Zugehörig zu dem Porträt sind zwei Tafeln mit den Wappen der Familie Kröl (links) und der Agathe Kröl, geb. von Esendorf (rechts), deren ursprüngliche Funktion noch ungeklärt ist.

OFEN

220:66:74 cm
dat. 1784
Inv. Nr. O 4
I. Etage, Raum 2

Rokoko-Ofen mit rechteckigem gußeisernem Feuerleib auf einem Wandsockel und zwei gedrehten, schlanken hohen Eisensäulen stehend, mit der Darstellung des doppelköpfigen Adlers und der Jahreszahl 1784 in Relief auf der Stirnseite. Der Aufbau in Form einer barocken Turmbekrönung, besteht aus schwarz glasierten Kacheln, reich profiliert und geschweift, mit Blüten- und Girlanden in Reliefapplikation und einer Vase als Abschluß.
Dieser Ofen stammt aus dem Haus „Laubeggen“ in Lindau-Aeschach. Die späteren Öfen aus der Zeit nach 1700 – und davon hat Lindau besonders beachtliche Stücke – sind formal sehr vielfältig und ahmen bisweilen Aufsatzsekretäre oder Altäre nach, zeigen auch asymmetrische

Rokokoformen, die nach oben konisch zulaufen. Diese zumeist reich mit Rocaillen reliefierten Öfen, wie dieser häufig mit einem Untersatz aus Eisenguß, waren vor allem in norddeutschen Manufakturen vertreten. Überhaupt besaß Norddeutschland eine besonders reiche Ofenproduktion, so in Stockelsdorf, Lesum, Schleswig, Hamburg, Kiel. Das süddeutsche Pendant bilden die schönen Stücke aus der Werkstatt des Franz Paul Aeher, die z.T. mit feiner Blumenmalerei nach Straßburger Art geschmückt sind (in Lindau leider nicht vertreten).
Um 1780 bemächtigte sich der Klassizismus mit seinen strengen, klaren und oft auch etwas spröden Konturen des Ofenbaus (vgl. Lit-Verz. Blümel und A. Klein).

KINDER-DOPPELPORTRÄT

40,5:39,5 cm
Pastellkreide auf Karton
dat. 1844
G. H. Steffens
Inv. Nr. G.l.p.d. 106
I. Etage, Raum 2

Gefühle für das Kind und seine bildliche Darstellung sind seit der Romantik ein bedeutsames Thema, ablesbar in vielen erhaltenen Kinder- und Familienporträts, zu denen auch dies Halbfigurenbild der beiden kleinen Mädchen im Alter von etwa 4–8 Jahren gehört. Meistens befinden sich die Dargestellten in einem Innenraum sitzend vor einem Fensterausblick, wie die von dem Münchner Wilhelm von Kobell 1819 gezeichnete Tochter Auguste Sophie. Hier jedoch sitzen die Mädchen vor einem Parkhintergrund mit einem hohen, blau und an den Rändern braun getönten Himmel. Zarte, bunte Farbigkeit herrscht vor: weiß, grün, blau und rosafarbene Hauttöne. Fleckige Schatten finden sich auf den Gesichtern der Mädchen, deren Identität nicht festgestellt ist. Künstlerisch nicht sehr anspruchsvolle Ausführung von G. H. Steffens, datiert 1844, von dem sich weitere Porträts in der Graph. Sammlung befinden.

WÄRMFLASCHE

33:23 cm
Zinn, Mitte 19. Jh.
Inv. Nr. Z 92
I. Etage, Raum 2, auf dem Bett

Die obere Hälfte der ovalen Flasche ist nahezu bedeckt von in Flechelarbeit ausgeführten Blumenornamenten; an den äußeren Enden ist je eine figürliche Szene gegeben. Einerseits ein tanzendes Paar im Biedermeierkostüm, mit dem Vers: „Tanz Madel tanz, deine Schuhe sind noch ganz", auf der anderen Seite ein Paar im Baldachinbett mit dem sinnigen Spruch: „Stillvergnügt und fein geschwiegen – so muß man im Bette liegen". Der Schraubdeckel (mit dem Monogramm GF) hält in breiter, profilierter Öse einen querovalen Tragring, der aus zwei gegenständigen Delphinkörpern gebildet wird.

UHR ALS DREIMASTBARK

72:58 cm (mit Rahmung)
Empire, um 1800
Inv. Nr. Möb. K 171
I. Etage, Raum 2

Stattliche Dreimastbark, mit Rumfässern beladen und unter orientalischem Kommando, dient als Gehäuse einer Uhr. Die Sphinx am Bug, die Girlanden und Sonnenmotive an Schiffskörper und Aufbau sowie weitere zeittypische Embleme verweisen die Arbeit ins Empire. Ein niedriger rechteckiger Sockel dient dieser ausgesprochen originellen Arbeit als Basis. (Vgl. zum Typ, jedoch ohne Uhr, das Pellerschiff von H. Severin, Lübeck, 1603 im Ger-

man. Nationalmus. Nürnberg oder im Auktionskatalog M. Zeller, Lindau, XXIII. Internat. Bodensee-Kunstauktion, 1980, Nr. 4714, mit Abb.).

SCHRANK, AUGSBURG (?)

230:169:67 cm
Fichte mit Nußbaum furniert, um 1710/20
Inv. Nr. Möb. A 8
I. Etage, Raum 3

Dieser große, wuchtige Kastenschrank wirkt vor allem durch warme, glänzende Farbigkeit und reiche Einlegearbeit, mehr als durch plastische oder architektonische Gliederung. Im Gegensatz zu den älteren, freistehenden, spiralig gewundenen Säulen binden hier der mittlere, konkav geschweifte und die seitlichen schräg gestellten, konkav geschweiften Pilaster das Möbel ein (H. Kreisel II, S. 123).
Das gebrochene und verschlungene, reiche Bandwerkornament auf den Türflächen und den Messingbeschlägen der Türschlösser ist typisch für die Zeit um 1710/20.

ROLLSEKRETÄR ODER ZYLINDERBUREAU

112:125:63,5 cm
Fichtenholz mit Nußbaum und Ahorn furniert, um 1780/90
Inv. Nr. Möb. B 27
I. Etage, Raum 3

Der Rollsekretär wurde international nach 1770 das Ideal des modernen Schreibmöbels (H. Kreisel II, S. 202, 208): Der Jalousieverschluß stellte eine bisher unvorstellbare Neuerung dar, die neugierigen Blicken im Nu den Zugang verwehrte.
Die geschlossene, strenge Möbelform dieses Rollsekretärs wird beherrscht von reicher Einlegearbeit: Das über drei Schubladen hinweg dargestellte Stilleben ist mosaikähnlich aus verschiedenen Hölzern verschiedener Farbe oder Färbung „gelegt" (gesägt), für sich als Zierfeld gearbeitet und dann in das Furnier des Möbels eingesetzt worden in sogenannter „Marketerie". Mit Rosetten und Quasten geraffte Vorhänge fassen bildhaft Standarten, Trommeln, Helme, Fahnen, Notenblätter zusammen. Jeder Schwung ist vermieden. Blumengehänge und geometrisch strenge Ornamente – der doppelt versetzte Mäander, eckig geflochtene und eckig geschlungene oder aus kleinen Würfeln zusammengesetzte Bänder – charakterisieren den Stil. Auch die auf den Seitenflächen dargestellte Vasenform (H. Kreisel Bd. III, Abb. 36,61) stammt aus der Zeit um 1780/90.

SITZGARNITUR-SOFA, TISCH, 3 STÜHLE

96,5:220:78 cm
89:45:43 cm
77:103,5:78 cm
Fichte mit Nußbaum und Ahorn furniert, um 1840
Inv. Nr. Möb. C 80,81 a–d, 38
I. Etage, Raum 3

Inbegriff der Biedermeier-Behaglichkeit ist das behäbige, wuchtige Sofa mit tiefer, gepolsterter Sitzbank und gepolsterter Rücklehne. Im allgemeinen bevorzugt das Biedermeier helle Furniere, wie Kirsche; das rötlich getönte Nußbaumfurnier dieser Sitzgarnitur gleicht sich den in Norddeutschland verwendeten Mahagonifurnieren an.
Die Biedermeierstühle haben eine stark gebogene Rücklehne, die mit einer schwarzen Lyra verstrebt ist, ein Motiv, welches das Biedermeier aus dem Empire übernommen hat.
Der Tisch steht auf dem in Balusterform ausgebildeten, typischen Säulenfuß, welcher von einem dreiteiligen, volutenförmig ausgebildeten Untergestell gehalten wird. In den inneren Kreis der Tischplatte sind naturgetreu dargestellte Nelken, Tulpen und Mohn „gestreut"; zackiges Rankenwerk füllt die äußere Ellipse. In den Rundeln des Sofas ist dasselbe Rankenwerk abstrahiert angewandt (s. Farbfoto auf rückwärtigem Umschlag).

KACHELOFEN

220:88:142 cm
um 1750
Inv. Nr. O 5
I. Etage, Raum 3

Hellblau glasierter zweiteiliger Kachelofen mit einem großen rechteckigen Unterbau und abgerundeten Ecken sowie einem schlanken, hohen Oberbau. Beide Elemente sind durch ein stark profiliertes Gesims getrennt. Ein gleichmäßiges Dekor aus Rocaillen bzw. Rocaillekartuschen überzieht als Relief die gesamte Oberfläche. Der Körper ruht auf einem Wandsockel und zwei steinernen Füßen in Volutenform mit Masken und gerolltem Akanthuswerk an den Seiten. Der Ofen stand einst bei Valentin Eibler an der Spitalmühle in Lindau-Aeschach.

TABERNAKEL-SEKRETÄR ODER KOMMODENAUFSATZ-SEKRETÄR

189x124x68,5 cm
Fichte mit Nußbaum furniert,
süddeutsch, um 1710/20
I. Etage, Raum 3, Inv. Nr. B 23

Die langgezogene Schweifung des kommodenartigen Unterbaus (mit ausziehbarer Schreibplatte), die erstmals nach 1720 festzustellen ist, und das eingelegte, eckig geschlungene (schwarzgestrichene) Bandwerk sind Stilmerkmale dieser Zeit. Von den drei sich im Lindauer Museum befindenden Schreibschränken, welche die Entwicklung dieses Möbels, aber auch die möglichen Qualitätsunterschiede aufzeigen, ist dieser Tabernakel-Sekretär am ältesten. Seine Formgebung ist bescheiden im Vergleich mit den elegant geschweiften Schreibschränken vom Oberrhein um 1740 (Raum 6, Inv. Nr. B 25) und Ansbach (?) um 1780 (Raum 23, Inv. Nr. B 241). Vergl. H. Kreisel II, S. 124, 161. Vermutlich ist der Pultdeckel mit dem 8-strahligen, an 2 Enden verlängerten Stern ca. 100 Jahre später ausgetauscht worden.

LANDSCHAFT MIT KÜHEN

30,5:38 cm
Öl auf Leinwand, um 1840
Inv. Nr. ÖLLD 37
I. Etage, Raum 3

Landschaftsauffassung vom Ende der 1. H. des 19. Jhs. in der einfachen lockeren Malerei vergleichbar eher den späten Hinterglasmalereien nach 1800 in unserer Sammlung. Realistische Schilderung und durchsichtige Lasuren, wie sie sonst der romantischen Malerei dieser Zeit eigen sind, fehlen hier allerdings und zeigen dadurch einen Qualitätsunterschied zu dem unteren Bild „Blick auf Lindau von der Anhöhe vor Hoyren" aus (s. S. 16).

BLICK AUF LINDAU VON DER ANHÖHE VOR HOYREN

38:57,5 cm
Öl auf Leinwand
J. B. Weiß, um 1850
Inv. Nr. ÖLLD 35
I. Etage, Raum 3

In biedermeierlicher Ordnung und Sauberkeit, in liebevoller Erfassung des Einzelnen, in qualitätvoller Malerei mit minuziöser Technik, breitet sich eine kulturhistorisch interessante Ansicht aus der Zeit um 1850 vor uns aus.
Die Sonne ist bereits tief herabgesunken. Glasklar wölbt sich der hohe Himmel über den Bergketten. Die Föhnluft läßt die Formen der einzelnen Berge, Städte und Dörfer am jenseitigen Ufer zum Greifen nah erscheinen. Der Blick gleitet von der Anhöhe vor Hoyren über das Grün und Braun der Weingärten hinab über die im Abendschatten liegenden Wiesen zum See. Von der weichen Uferlinie eingefaßt liegt er spiegelnd ausgebreitet und umschließt die Insel. Die gläsern durchsichtigen Lasuren geben den Farben eine starke Leuchtkraft.
In der rechten unteren Ecke das Monogramm des Johann Baptist Weiß (1812–1879), der zu den süddeutschen Landschaftern der um 1800 einsetzenden Romantik gehört, die die einfache Natur suchen und sie real schildern. Vor Weiß hatte der berühmte Münchner Max Joseph Wagenbauer 1806 an derselben Stelle vor Hoyren seinen Blick auf Lindau in einem in München befindlichen Aquarell festgehalten.

TEIL EINES FASSADENSCHRANKES

92:201:62 cm
Tanne mit Nußbaum und Eiche furniert, untere und obere Deckplatte ergänzt
süddeutsch, um 1620/30
Inv. Nr. Möb. A 7
I. Etage, Raum 4

Fassadenschränke, deren Schauseite wie eine Fassade architektonisch gegliedert ist, wurden vorwiegend in Süddeutschland und der Schweiz hergestellt. An diesem Teil eines Fassadenschrankes ist, da die horizontalen Sockel-, Gurten- und Kranzgesimse fehlen, vor allem die vertikale Gliederung (vorgeblendete, toskanische Halbsäulen auf abgeschrägten Konsolen, Pseudofenster mit ädikulaartigen Aufbauten und schmale, hohe, halbrunde Nischen) festzustellen. Typisch süddeutsch ist die plastische Differenzierung vor einem mittels der Intarsie

in geometrische Felder aufgeteilten Grund. Gut erhaltene Schränke dieser Art stehen im Bayerischen Nationalmuseum in München, im Historischen Museum in Bern und im Landesmuseum in Zürich. Datierte Täfelungen dieser Zeit stammen aus dem Seidenhof in Zürich und der großen Ratsstube in Schaffhausen.

ZWEI SCHMUCKKÄSTCHEN

32:32,5:19,5 cm
30,5:34:19,5 cm
Fichte mit Nußbaum und Ahorn furniert; süddeutsch, 1. Hälfte 18. Jh.
Inv. Nr. Möb. I 99 u. 100
I. Etage, Raum 4 (auf vorgenanntem Schrank)

Diese zwei kleinen, im geschlossenen Zustand unauffälligen Schränke verbergen hinter zwei aufklappbaren Türen sieben kleine Schubladen, die wie die Innenseiten der Türflügel mit vielfältigen in Ahorn und Nußbaum eingelegten Stadt- und Landschaftsansichten geschmückt sind. Konturen und Details sind in Brandzeichnung ausgeführt. Die Beschläge sind einfach.

EMPFANG DAVIDS VON DEN ISRAELITISCHEN WEIBERN

52:75 cm
Öl auf Leinwand, um 1600
Inv. Nr. ÖAKD 1
I. Etage, Raum 4

Dies Bild „Empfang Davids – mit dem Kopf des Goliath – durch die israelitischen Weiber nach der Schlacht der Philister" ist ein geeignetes Beispiel für den Manierismus, wie er uns seit der Spätzeit des 16. Jhs. in vielfältiger Weise, mit seinem Ausgang von Italien, besonders als Hofkunst von Malern in München, Augsburg und Prag bekannt ist. Man erblickt eine dichtgefügte, geradezu angefüllte Szene, in der Mitte nach vorn schreitende Hauptgruppe, bestehend aus Goliath und zwei bekränzten und musizierenden Frauen, links und rechts noch vor diesen zwei weitere Musikanten. Hinter diesen sind in weitem Kreis und rasch sich nach hinten verkleinernd vor üppig grüner Baumgruppe weitere tanzende, das Siegesfest begleitende Israelitinnen gesetzt, die den Blick in die Bildtiefe mit Burghügel und Stadtsilhouette führen. Die übergroßen, schlanken, sich entblößenden und die Arme werfenden Figuren in antiklassischer und antinaturalistischer Haltung, ebenso die Häufung der Gestalten und die Art, wie sie vor den kleinteilig und detailreich vorgetragenen Hintergrund gestellt sind und sich davon abheben, die trüben braunen, grünen, roten und gelben Zwischentöne, dies alles sind manieristische Stilelemente einer Malerei um 1600, die kaum einem deutschen Schulzusammenhang in München, Augsburg oder Prag zuzuordnen ist, sondern eher einem niederländischen um die Manieristen Maerten de Vos – vgl. hierzu das Gemälde „Mannalese" in München – und Abraham Blomaert – s. sein Gemälde „Ein Göttermahl" ebenfalls in München. Wie das gleiche Thema einige Jahrzehnte später in barockem Stil vorgetragen wird, zeigt das Gemälde „Davids Triumph" der Staatl. Kunsthalle Karlsruhe von Johann Heinrich Schönfeld (1609–1682) aus Biberach.

TRUHE

83,5:102,5:56 cm
Fichtenholz mit Nußbaum und Ahorn furniert; süddeutsch, um 1740/50
Inv. Nr. Möb. B 16
I. Etage, Raum 4

Im 18. Jh. war die Truhenform längst veraltet und durch die Kommode ersetzt worden. Diese Truhe wurde dem Zeitgeschmack „angepaßt", ihre einfache, rechtwinklige Grundform aufgelockert: Deckelrand und Abschlußleiste sind geschweift, an den Deckelrandenden vorstehende „Ohren" angebracht, die Ecken abgefast und mit Rundstäben im oberen Drittel besetzt. Auch die auf den drei Seiten und dem Deckel in Ahorn und Nußbaum eingelegten Städtebilder sollen das altertümliche Möbel „zeitgemäß" erscheinen lassen.
Messingschloß in sauber ausgestanzter Arbeit.

FÜRSTÄBTISSIN VON POLHEIM-WINKELHAUSEN

80:66 cm
Öl auf Leinwand, um 1730
Inv. Nr. ÖLLP 54
I. Etage, Raum 4

Das Brustbild zeigt vermutlich die spätere Fürstäbtissin und Erbauerin der heutigen Stiftskirche, Theresia Wilhelmina, Gräfin von Polheim, als sie noch Fräulein von Winkelhausen aus Breslau war. Sie hatte als Äbtissin (reg. 1743–57) des fürstlich-freiweltlichen Damenstiftes in Lindau mit ihren Mitteln den Wiederaufbau der durch Brand 1728 zerstörten Stiftskirche 1748–1752 ermöglicht.

Die Dargestellte ist leicht nach rechts gewendet gegeben in hellblauem Seidenkleid, um das ein roter, hermelingefütterter Samtmantel gelegt ist. Der jugendliche Kopf ist in Gegenbewegung zum Körper leicht nach links gewendet und der Blick auf den Betrachter gerichtet. Aus dem dunklen Hintergrund treten die leuchtenden blauen und roten Farben des Gewandes und der helle Fleischton stark kontrastierend heraus. Es ist die Zeit des Rokoko, in der Farbe und Bildnis in der deutschen Kunst eine große Rolle spielten und das gesamte Leben zwischen 1725 und 1780 unter ihrem Zeichen stand. Es war die Zeit, in der die Fürsten, Bürger und Bauern ihre Bauten mit Malerei schmückten, es war auch die Zeit der großen deutschen Rokoko-Maler. Unter den Porträts dieser Art in unserer Sammlung – vgl. hierzu das der Friederike v. Bretzenheim in Raum 6 – hebt sich die frühe Malerei dieses ovalen Bildnisses der jungen Dame deutlich heraus, sie ist feinempfunden und kultiviert.

WANDBRUNNEN (UND WASCHBECKEN)

Zinn, Höhe 22 cm, Breite 21,5 cm, Tiefe 12 cm (ohne Marke)
1. Hälfte 18. Jh.
Ausflußrohr und Messinghahn ergänzt
Inv. Nr. Z 89 a, b
I. Etage, Raum 4, links des Bettes

BETT

234:140:197 cm
Fichte mit Nußbaum und Birke furniert, süddeutsch
1883 oder 1888, Kopie nach Bett aus der 1. Hälfte des 17. Jhs.
Inv. Nr. Möb. D 84
I. Etage, Raum 4

In der gotischen Vierstollen-Bettstatt ist das Baldachin- oder Himmelbett der Renaissance vorgebildet, das sich als die konservativste Möbelgattung im 17. Jh. erwies (H. Kreisel I, S. 119f, 260, 262).
Diese Kopie nach einem Bett des 17. Jhs. zeigt das schreinermäßig gefertigte Bett mit den gegliederten Flächen des Bettrahmens und der kassettierten Unteransicht des Holzbaldachins (ähnlich den kassettierten Decken in den Wohnräumen der Zeit), mit Dekor aus der 1. Hälfte des 17. Jhs. wie Hermen-Henkel, volutenförmig gebildete Pilaster, runde und diamantförmige Knöpfe, Puttenköpfe.
Die Seitenbretter sind wie üblich einfacher, nur mit Nußbaum und Birkenholz furniert.

Das Wappen in der Kassettendecke weist vielleicht auf das Augsburger Geschlecht der Gersten oder Hebenring hin.

FASSADENSCHRANK

227:255:67 cm
Fichtenholz mit Nußbaum furniert, poliert
süddeutsch, um 1690/1700
Inv. Nr. Möb. A 6
I. Etage, Raum 4

Dieses sehr reiche, späte Beispiel eines süddeutschen Fassadenschrankes zeigt die Ziermotive, welche am Ende des 17. Jhs. in Mode kamen: Frucht- und Blattgehänge, mehrfach gebrochene Giebel, erhabene Bossen (Kissenform), größere, profilierte Füllungen, Akanthusschnitzerei (vgl. die Möbelrisse des Georg Caspar Erasmus aus Nürnberg im Zierarthenbüchlein 1695 [H. Kreisel I, S. 232]). Nach Augsburg weisen die malerische Auflockerung der Fläche und der Sinn für dekorative Zutaten (Engelsköpfe, Figurinen, Fratzen).
Der barocke Stil drückt sich in der Fülle der Motive, zusammen mit der spiegelglatten, tausend Reflexlichter werfenden Politur, aus.

HOLZDECKE

um 1570. Nach Brand im Jan. 1929 vom Kleinen Sitzungssaal des Alten Rathauses hierher versetzt.
I. Etage, Raum 5 (Diele)

Zwei Zierstreifen mit figürlichen und ornamentalen Reliefs laufen in den beiden Mittelfeldern zwischen den Balken. Dargestellt sind u. a. der Hl. Georg, der den Drachen ersticht und Fabeltiere, die sich gegenseitig verschlingen. Daneben benützte der Künstler als Motiv Traubengehänge, die mit üppigen Weinblättern wechseln. Die Mitte sämtlicher Tragbalken der leicht gewölbten Decke wird durch jeweils kleine, stets verschiedene Scheiben hervorgehoben, die aus dem Holz herausgeschnitzt sind.

LÜSTERWEIBCHEN

Höhe 62 cm
Lindenholz, ca. 1510/20
Inv. Nr. P 35
I. Etage, Diele (= Raum 5)

Das Mädchen in rotem, gelb ausgeschlagenem Wams ist in Hüfthöhe durch einen gespaltenen Wappenschild abgeschlossen, der auf blauem Grund das Lindauer Wappen in weiß und grün zeigt. Vom Schild schräg nach hinten weglaufend zwei kapitale Geweihe. Die Dame führt einen Lorbeerzweig mit sich, die linke Hand berührt die Kartusche. Das lange, gewellte braune Haar fällt über die Schulter bis auf den Busen. Die Kette, an der das „Lüsterweibchen" von der Decke hängt, ist z. T. noch alt.

PORTRÄT DES EVANGELISCHEN PREDIGERS ALEXIUS NEUKOMM

63:55 cm
Öl auf Leinwand, dat. 1626
Inv. Nr. ÖLPP 20
I. Etage, Raum 5 (über der Tür zu Raum 4)

Halbfigurenbild des 56jährigen evangelischen Geistlichen in schwarzem Talar, hinten hochstehender weißer Mühlenkragen, Neukommsches Wappen und Wahlspruch „Mit Gott hindurch, da es am dicksten", Monogramm DH. Die Farbigkeit ist durch Übermalungen entstellt. In dem einfachen Zusammenklang von schwarz-weißem Gewand und olivgrünem Hintergrund sind durch den roten Bucheinband und das Rot im Wappen belebende Akzente gesetzt. In demselben Jahr, in dem Neukomm für dieses Bild porträtiert wurde (1626), entbrannte zwischen ihm und dem Lindauer Rat ein harter, aufsehenerregender Streit wegen des Ratsbeschlusses über die Einführung der Privatbeichte. Nach großen Unruhen in der Bürgerschaft mußte der Rat schließlich nachgeben.

EISERNE LADE

45:82:45 cm, um 1700
Inv. Nr. Möb.I 126
I. Etage, Raum 5

In eisernen Laden verwahrte und transportierte man wichtige Verschlußsachen und Geld. Geheimschlösser- und riegel und vor allem das Gewicht sollten den Inhalt vor Dieben schützen: Diese Lade besitzt 9 Zuhaltungen, 3 feststehende Riegel, eine Abdeckplatte vor dem Zuhaltemechanismus und ein vorgetäuschtes Schlüsselloch; das wahre Schlüsselloch ist unsichtbar auf der Vorderseite unter einem Plättchen angebracht.
Mittelpunkt der mit verschlungenen Ranken, zwei Vögeln und zwei weiblichen Figuren gravierten, durchbrochenen Abdeckplatte ist der achtseitige Omphalos (= Nabel) in der Rosette. Omphalos und Rosette gehören zu den ältesten Ornamenten überhaupt. Sollte der Omphalos als Schildbuckel wirken oder an den Nabel der Welt erinnern?

BILDNIS EINES JUNGEN MANNES IN VORNEHMER BÜRGERTRACHT DER ITAL. RENAISSANCE

53:44,5 cm
Öl auf Leinwand, 17. Jh.
Inv. Nr. ÖPDK 42 (rest. 1966)
I. Etage, Raum 5 (auf einer Staffelei)

Der dargestellte junge Herr in der Tracht der Renaissance, wie wir sie von vielen venezianischen Gemälden seit 1500 kennen, blickt über die rechte Schulter voll auf den Betrachter. Unter seiner dunklen Kappe fällt langes blondes Haar auf den entblößten Rücken.
Das farblich interessante und qualitativ gute Porträt wurde im 17. Jh. gemalt, vielleicht nach einem Vorbild des 16. Jhs.?

TRUHENBANK

142:161:53 cm
Eiche geschnitzt, teilweise ergänzt
süddeutsch (Bodenseegebiet?), um 1500
Inv. Nr. Möb. B 11
I. Etage, Raum 5

In Italien wurde in der Frührenaissance die Sitztruhe mit Rückwand und seitlichen Lehnen, die sog. „cassapanca" ausgebildet. Diese spätgotische Truhenbank aus dem Wasserschloß Senftenau (Lindau-Reutin) ist eine Rarität, da nurmehr ein zweites Exemplar in Münchner Privatbesitz erhalten ist. Sie bezeugt, daß Eichenmöbel wie Faltwerk am Bodensee beheimatet waren. Der Sitz ist aufklappbar. Typisch spätgotisch sind das Faltwerk (Truhenbank), das mit Hilfe von Hohlkehl- und Stabhobel aus dem Brett herausgearbeitet wurde, die spitzbogigen Dreipaßblenden (Pfosten), das Maßwerkgitter (Rückwand) mit Maßwerkfries. Drachenartige Fabeltiere (Vorderseite der Armlehne) schmücken diese einfache Zimmermannsarbeit aus eingezapften und mit Holznägeln verbundenen Brettern.

TRUHENBANK

161,5:151:47,5 cm
Fichtenholz mit Birke; Rückwand: In der Sockelzone fehlt eine einfache oder profilierte Pilastergliederung mit Sockelgesims.
süddeutsch (Bodenseegebiet?), um 1620/30
Inv. Nr. Möb. B 13
I. Etage, Raum 5

Diese Spätrenaissance-Sitztruhe (Lindau, Damenstift?) mit Rücklehne besitzt nicht den üblichen Truhendeckel, sondern öffnet sich wie ein Schrank mit 2 Türen. Dadurch wurde es möglich, Wäsche und Kleidungsstücke übersichtlich auf Schrankbrettern unterzubringen. Pilaster gliedern die Schranktüren und die Rückwand in Felder mit Rundbogen- und gedoppelten Rundbogenfenstern. Die perspektivische Darstellung der Sohlbänke, Pilaster, Bogen und Kreise, teils mit Kassetten und Schachbrett, ist schon fast 100 Jahre früher in der 1539 datierten Täfelung der Bibliothek in Schloß Syrgenstein (ca. 20 km östlich von Lindau) zu sehen, ein Beweis für die Bodenständigkeit bestimmter Motive. Die fünfteiligen Windräder (32 Stück), welche die Kassetten füllen, sind unheilabwehrende Zeichen, vorchristliche Heilssymbole, die oft auf Minnegaben erscheinen.

DOPPELPORTRÄT DES EHEPAARES HANS UND BARBARA KRAMER

53:78 cm
Öl auf Leinwand, dat. 1616
Inv. Nr. ÖLPP 40, rest. 1944
I. Etage, Raum 5 (oberhalb der zuvor beschriebenen Truhe)

Links das Brustbild des 49jährigen Hans Kramer, Mitglied des Kleinen Rates in Lindau 1605–1629, gest. 1629; rechts das der 44jährigen Barbara Kramer, geb. Schreiber von Sonthofen, verheiratet seit 1591; einander leicht gegen die Mitte hin zugekehrt. Beide in schwarze Staatsgewänder dieser Zeit gekleidet mit weißem Tellerkragen. Das Gemälde wurde vermutlich anläßlich der Silbernen Hochzeit des Paares angefertigt. Zeitgenössischer Kastenrahmen mit Pilaster- und Friesarchitektur; auf den Außenseiten der Türen links das Kramersche, rechts das Schreibersche Wappen in kreisrundem rotem Feld.
Doppelbildnisse dieser Art waren verhältnismäßig selten, häufiger waren Pendants, vgl. etwa die ca. 20 Jahre späteren Porträts des Ehepaares Mürgel auf der gegenüberliegenden Wand.
Die Ausführung ist nicht ohne Qualität und stammt von einem namentlich nicht bekannten deutschen Künstler.

TRUHE

105:172:60 cm
Fichtenholz mit Nußbaum furniert
süddeutsch (Schwaben?), letztes Viertel 17. Jh.
Inv. Nr. Möb. B 245
I. Etage, Raum 5

Die typischen Merkmale dieser Truhe, nämlich die an- und abschwellenden, knorpelig gedrehten, sich nach oben verjüngenden Säulen – sie sind nicht gewunden – und die kräftig vorspringenden, gebrochenen Giebel vor einem in geometrische Felder aufgeteilten Grund weisen nach Schwaben. H. Kreisel zufolge sind diese Säulen am Oberrhein zuhause. Eine Besonderheit sind die fünfseitigen, sternförmigen Abdeckplatten der Kapitelle. (H. Kreisel I, S. 234, Abb. 556, 573, s. Lit.-Verz.).

PHANTASIELANDSCHAFT

18,1:23,2 cm
Öl auf Glas, nach 1800
Inv. Nr. V. h. g. g. 33 a
I. Etage, Raum 6

Landschaft mit ruinöser, bewachsener Mauer, einem Tor, in den anstoßenden See hineingebauter kleiner Kirche mit Turm und Strohdach einer Scheune. Im Vordergrund am Ufer ein Kahn mit sitzender Figur.
Das Gegenstück, „Flußlandschaft mit Windmühle zwischen blühendem Gebüsch", wurde leider vor einigen Jahren gestohlen.
Hinterglasmalerei (Phantasielandschaft) unter Anlehnung an niederländische Landschaftstypen des späten 17. Jhs., wohl zu Anfang des vergangenen Jhs. in Augsburg entstanden. Sie ist in der Zeichnung und in einzelnen Valeurs den Vier-Jahreszeiten-Bildern an der gleichen

Wand ähnlich, im Gesamtfarbcharakter dagegen sehr verschieden. Dunkelbraun-grauer Hauptton mit grau-hellblauer Aufhöhung und ein wenig Belebung durch intensiv lachsrote Töne.
Darunter:

ZWEI PHANTASIELANDSCHAFTEN

18,2:24,2 cm
Öl auf Glas, um 1800
Inv. Nr. V. h. g. g. 32 a,b
I. Etage, Raum 6

Zwei zusammengehörige Hinterglasmalereien, komponierte Phantasielandschaften im Sinne des ausgehenden 18. Jhs. Die Hinterglasmalerei, deren große Zeit um 1500 in Deutschland, den Niederlanden, Italien und Spanien einsetzte, hielt sich auch im 17. Jh. noch auf beträchtlicher Höhe, um im 18. Jh. zunächst zu einer Massenproduktion überzugehen und damit allmählich abzusinken; Schematismus und Formenverfall waren die Folge. Das deckend in Öl oder Tempera über einer unter Glastafel geschobenen Aufzeichnung gemalte Hinterglasbild – sehr oft waren es bekannte Stiche – zeigt die Kunst der Fläche, die nur wenig von räumlichen Beziehungen vermittelte. In der Zeit, in die auch die bürgerlichen Hinterglasmalereien unserer Sammlung zu datieren sind, entstanden zahlreiche vereinfachte Serien in Anlehnung an die Rokokovorlagen der „Jahreszeiten", der „Elemente", der „Monate", der „Erdteile" mit dem Zentrum Augsburg, das nach Oberbayern ausstrahlte. In diese Serien gehören auch unsere beiden Landschaften in holländischer Manier mit figürlicher Staffage. Sie sind bürgerliche Hinterglasmalerei – im Gegensatz zur Volkskunst bäuerlicher Handwerker, der wir im 3. Stockwerk unserer Sammlung begegnen – und stammen wahrscheinlich aus der Augsburger Schule oder ihrem Umkreis.
Sie kommen in Zeichnung und Farbigkeit den Jahreszeitbildern (V. h. g. g. 30 a–d) sehr nahe, daß man fast Ausführung durch die gleiche Hand annehmen kann. Eine matte, graublaue Farbskala wird ergänzt durch eine zweite aus braunen, roten und gelben Tönen bestehende Stufung.

KOMMODENAUFSATZ-SEKRETÄR

190:126:74 cm
Fichtenholz mit Nußbaum, Ahorn und Kirsche furniert; Oberrhein (Bodenseeraum?), um 1740
Inv. Nr. Möb. B 25
I. Etage, Raum 6

Der Schreibschrank resp. die Schreibkommode wurde, je nachdem, ob der Unterbau als zweitüriger Schrank oder in der modischen Form der Kommode als Schubladenmöbel in Tischhöhe ausgebildet war, das neue Modemöbel des 18. Jhs. In Verbindung mit dem schon im 17. Jh. beliebten Aufsatzschrank wurde dieses Möbel, das viel Behältnisraum für Kostbarkeiten, Korrespondenz und Kontor bot, besonders in Deutschland heimisch.
Dieser Kommodenaufsatz-Sekretär hat nur eine dünne, ausziehbare Schreibplatte, kein eigenes Schreibpult. Entscheidend ist der dreigeschossige, architektonische Aufbau des Möbels, der in jedem Geschoß um ein Stück nach rückwärts verschoben ist und zusammen mit dem stark nach innen gezogenen Fassadenschwung und den besonders im großen Aufsatz geschweiften Seitenflächen den Eindruck bestimmt. Die Schlüssellochbeschläge aus Messing haben Rocaille, Blüten- und Blätterzier.

VIER HINTERGLASBILDER MIT DEN JAHRESZEITEN

24,9:29,3 cm
Öl auf Glas
spätes 18. Jh.
Inv. Nr. V. h. g. g. 30 a–d
I. Etage, Raum 6

Vier zusammengehörige Bilder, die vier Jahreszeiten in verschiedenen menschlichen Tätigkeiten versinnbildlichend. Bürgerliche Hinterglasmalerei, im Charakter allgemein verwandt den Monatsdarstellungen (V. h. g. g. 1–12), wahrscheinlich wie diese Augsburger Arbeiten des ausgehenden 18. Jhs. Der Farbcharakter besteht aus matten Pastelltönen, vorwiegend grauen und blauen mit roten, gelben und schwarzen Intensivierungen. Durchweg Zentralkompositionen; in der Mitte eine pyramidenförmig aufgebaute Figurengruppe von zwei oder drei Personen, die einer ländlichen Tätigkeit nachgehen.

SERIE VON 12 MONATSBILDERN

16,5:11,7 cm
Öl auf Glas
2. Hälfte 18. Jh.
Inv. Nr. V. h. g. g. 1–12
I. Etage, Raum 6 (in den Fensternischen)

Arbeit bürgerlichen Stils, vermutlich aus Augsburg, wo um 1770 die Ölmalerei auf Glas mit mehreren bedeutenden Künstlern in Blüte stand; wahrscheinlich nach Kupferstichen. Schönfarbige, in kleinteiligen Variationen und Übergängen hingestrichene Malerei von guter Qualität aus der 2. Hälfte des 18. Jhs.

TAFELKLAVIER IN HARFENFORM

81:115,5:48 cm
Johannes Matthäus Schmahl, Ulm, ca. 1770
Inv. Nr. Mus. 21; restauriert 1967
I. Etage, Raum 6

Als der Ulmer Orgel- und Klavierbauer Schmahl jenes Hammerklavier baute, stand die Entwicklung dieses Instruments noch in den Kinderschuhen. Clavichord, Cembalo und Spinett entsprachen wegen ihrer einfachen Klangfarbe nicht mehr dem Zeitgeschmack, der nach dynamischerem Ton drängte. So erfand man das Hammerklavier mit seinen Möglichkeiten, durch den Anschlag den Ton zu variieren. Das Instrument ist in Form einer liegenden Harfe gebaut. Ursprünglich hatte es keinen Unterbau, so daß man es leicht auf Reisen mitnehmen konnte.

FÜRSTÄBTISSIN FRIEDERIKE VON BRETZENHEIM

94:70 cm
Öl auf Leinwand, um 1790
Inv. Nr. ÖLPP 52
I. Etage, Raum 6

Halbfigurenbild der Friederike Karolina von Bretzenheim, natürlicher Tochter des Kurfürsten Karl Theodor von Bayern, die mit kaum 13 Jahren, 1782, Fürstäbtissin des reichsunmittelbaren Stiftes zu Lindau wurde. 1796 legte sie diese Würde nieder, um den pfälzischen Grafen von Westerhold zu heiraten.
Sie ist an einem Tisch sitzend dargestellt, nach rechts gewendet mit roter Ordensschärpe, versehen mit dem Wappen des reichsfreien Stiftes. Der Kopf ist aus dem Bild herausgewendet. Rechts hinter ihr das Zeichen ihrer reichsfürstlichen Stellung, der hermelinbesetzte Fürstenhut auf einem Kissen. Das Sitzen der Dargestellten, das räumliche Verhältnis der Dinge zueinander, die Hintergrundsgestaltung bleiben unklar. Der Rahmen ist zeitgenössisch und trägt im Scheitel die plastisch geformten fürstlichen Insignien.

SOFA

117:168:71 cm
Birnbaum, dunkelbraun gebeizt und mattiert
Mitte 18. Jh. (neuer Bezugsstoff)
Inv. Nr. Möb. C 71 b
I. Etage, Raum 6

Gutes Beispiel eines bürgerlichen Rokoko-Sofas auf 5 Beinen mit nach vorne ausladender Sitzbank, geschweiften Armlehnen und breiter, gepolsterter Rücklehne, deren Umriß, aus Rocailleformen bestehend, auf- und abschwingt.

KACHELOFEN

173:73:53 cm
ca. 1760/70
Inv. Nr. O 3
I. Etage, Raum 6

Rechteckiger Ofen mit abgerundeten Ecken aus rotbraunen glasierten Kacheln mit reich profilierter Sockelplatte auf gemauertem Wandsockel mit zwei – ursprünglich nicht zugehörigen – Pfeilerfüßen aus Stein. Jede Kachel zeigt im Relief eine reiche Rocaillenrahmung um eine in der Mitte auf einem Bogen sitzende Frau mit Weintraube und einem darunter spielenden

Putto, zwei davon außerdem einen sitzenden Landmann mit Ährenbüschel und Sichel, darüber die rocaillebekränzte Büste eines Kindes. Das Objekt kommt aus dem ehem. „Riedelhaus" in der Krummgasse in Lindau.

ARM-LEHNSTUHL

123:65:57 cm
Nußbaum, Gobelin (beschädigt), um 1730
Inv. Nr. Möb. C 70
I. Etage, Raum 6

Schwerer Barocklehnstuhl von noch steifer, geschlossener Gesamtform im Gegensatz zu der leichteren, geöffneten, niederen Form des Rokoko-Lehnstuhles. Bandförmige Profile, Muschelornament, zieren das kurvig geschwungene Nußbaumgestell.

SCHRANK

199:192:61 cm
Nußbaum massiv; zu ergänzen: Kugelfüße
süddeutsch, um 1750/60
Inv. Nr. Möb. A 9
I. Etage, Raum 6

Elegant und exakt verkröpfen sich Kranz- und Sockelgesimsprofile, wiederholt in der Schubladenzone, über vorstehenden Pilastern, Lisenen und abgeschrägten Eckpfosten; noch die oberen Türfeldereinfassungen nehmen den Schwung des Gesimses auf. Leicht beschwingte Rocailleornamentik schmückt die Kassettenfüllungen, die Schubladen und Pilaster, und freiplastisch durchbrochene Rocaille akzentuiert die Kapitellzone resp. bremst im unteren Viertel den Höhenzug der Pilaster.
Der ausgewogene Eindruck dieses Rokokoschrankes beruht auf dem guten Verhältnis von architektonischer Gliederung zum Dekor und zu den freien Flächen.

KRENCKELSCHE TOTENTAFEL

153:342,5 cm (bei geöffneten Flügeln)
Öl auf Holz, nach 1689
Inv. Nr. ÖAKD 36
I. Etage, Raum 7

Diese Totentafel gehört mit drei weiteren in unserer Sammlung zu einer nicht sehr gebräuchlichen Art des Totenkultes. Die Totentafel ist ein Tafelbild, das, ähnlich den früheren Altarbildern, wie ein Schrein durch zwei Flügel verschlossen werden konnte. Dadurch wurde es möglich, Gemälde als Grabdenkmal zu verwenden und im Gegensatz zu Stein und Holz die leuchtende Farbigkeit und Darstellungskraft in den Dienst der Totenverehrung zu stellen.
Die Außenseiten der bedeckenden Flügeltüren sind bei allen unseren Tafeln stark verwittert, die Malereien auf den Innenseiten und der Rückwand des Gehäuses dagegen recht gut erhalten, was darauf hinweist, daß die Flügeltüren nur zu besonderen Anlässen geöffnet wurden, sonst aber die Malereien im Innern zu schützen hatten.
Die Gehäuse – mit Schlüsselloch und Beschlägen – waren wohl alle zu verschließen.
Es mag von künstlerischer Besonderheit gewesen sein, wenn auf dem einem Garten gleichenden alten Aeschacher Friedhof die Malereien der Totentafeln aus dem Grün der Anpflanzungen und dem Weiß der Sandsteinkapelle hervorleuchteten.
Im Gegensatz zu den frühesten Totentafeln unserer Sammlung, der Dellerschen von 1604 (s. Raum 13), fällt bei dieser jüngsten Tafel nach 1689 die große Rolle auf, die das literarische Bildungselement spielt, der große Raum, den die Sinn- und Denksprüche gegenüber den anschaulichen Bildszenen einnimmt, das laute „memento mori" und der auf den Tod und das Jenseits gerichtete Inhalt. Die Dellersche Totentafel preist die schöne Welt und die Freuden des Diesseits, die Bedeutung der Familie in

Handel und Gewerbe und in irdischen Gütern und Stellungen.

In deutlichem Gegensatz stehen die farbenprächtige Malerei von 1604 und die asketisch nüchternen Farben der Krenckelschen Tafel.

Die Innenseiten der Flügel tragen gut erhaltene Bildfelder mit Totentanzdarstellungen und Denksprüchen. Auf der Mitteltafel an der Rückwand des Gehäuses (im oberen Teil) die Vision Ezechiels, die sich mit dem Ruf zum Jüngsten Gericht beschäftigt, darunter auf einer räumlich illusionistisch ausgedeuteten Plattform die anbetenden, knieenden Mitglieder der Familie Krenckel, links die männlichen, rechts die weiblichen, alle durch Kreuze über den Köpfen als verstorben bezeichnet.

Auffallend ist bei dieser Figurenreihung die bei einfachster räumlicher Umgebung plastisch-illusionistisch ausgestaltete Wiedergabe und die porträthafte Charakterisierung der Köpfe und ihre Ausdruckslebendigkeit. Starke Tiefenperspektive, abrupte Verkürzungen, Unausgeglichenheit von Figuren- und Landschaftsraum, das alles sind typische Merkmale der manieristischen Stilphase, die hier noch zu einem sehr späten Zeitpunkt, bereits in der Nähe des 18. Jhs. auftritt. Obwohl der Maler sich dadurch als lokaler Nachzügler zu erkennen gibt, ist er doch gegenüber dem Maler der Dellerschen Totentafel über das rein Volkstümliche hinausgekommen. Seine Vorbilder sucht er in der Malerei der 1. Hälfte des 17. Jhs., gestaltet aber in eigener Weise, sichtbar an der präzisen Zeichnung und qualitätvollen Malerei.

KICK-BITTELMEIERSCHE TOTENTAFEL

119,5:321,5 cm (bei geöffneten Flügeln)
Öl auf Holz, 1663–1728 dat.
Inv. Nr. ÖAKD 37
I. Etage, Raum 7 (Abb. S. 26)

Hans Jerg Kick hat diese Tafel für seine Eltern Maximilian Kick und Madlena Straussin – Ahnen der Cavazzen-Stifter – und die Nachkommen 1663 anfertigen lassen.
Die Außenflächen der Flügel sind stark verwittert. Unter einer Überschrift zwei ovale Wappenfelder, links das Kicksche Wappen mit dem Monogramm des innen genannten Stifters der Tafel Hans Jerg Kick und rechts das Wappen der Dellerschen Familie, der seine Frau angehörte. Darunter die Jahreszahl 1663 als Entstehungsdatum der Tafel. Im Innern zeigen beide Flügel ausschließlich die Namen der Familienangehörigen.
Das Hauptbild an der Rückwand des Schreins gehörte zur ursprünglichen Konzeption und ist in der Hauptsache 1663 entstanden. Dargestellt ist die Kreuzigung vor der Stadtsilhouette von Jerusalem, mit Magdalena, Moses und Johannes dem Täufer. Am unteren Rand ein neutraler Streifen für die Aufreihung der Stifterfiguren, deren Namen auf den Flügeln verzeichnet sind. In der Mitte die Stammeltern mit ihren Kindern und den vielen klein verstorbenen Wickelkindern. Einfache, volkstümliche Ausführung, aber wuchtig und von gewisser eindringlicher Aussage.
Der der Familie durch Heirat zugehörige, später bekannte Magister und Prediger Johann Georg Bittelmeier aus Nürnberg, errichtete 1723 die zwei Innenflügel, die Angaben über ihn und seine Frau enthalten.

TRAUERNDE MUTTERGOTTES

132 cm hoch
Erlenholz, ca. 1630; Originalfassung, 1961 restauriert
Inv. Nr. P 9, erworben 1944
I. Etage, Raum 7

Der figürliche Kontext, in den diese Madonna (unter dem Kreuz) einbezogen war, ist unbekannt, ein Altarzusammenhang sehr wahrscheinlich, da die Figur nicht auf Vollansichtigkeit angelegt ist.
Maria ist in schmalem, steilem Umriß gesehen, die Beine sind zwar in ihrer Kontrapostik erkennbar, aber praktisch ohne eine tragende Funktion. Die Arme sind eng an den Leib genommen, die Hände gefaltet. Glatt liegt das Gewand über den abfallenden Schultern, bildet über den Körper zum Teil sich überlappende Falten, wie wenn das Kleid aus dem Wasser gezogen wäre. Ein blauer Mantel mit roter Füllung und goldener Borte hüllt die Madonna fast gänzlich ein und ist derart über den Kopf gezogen, daß er die Haare vollständig bedeckt und das Gesicht rahmt. Bäuerlich-grobe Züge kennzeichnen das etwas nach rechts geneigte Gesicht.

TRAUERNDE MUTTERGOTTES

122 cm hoch, Lindenholz, um 1650
Inv. Nr. P 16
erworben 1945, zuletzt restauriert 1961
I. Etage, Raum 7 (Abb. oben)

Mit leicht gesenktem Kopf und vor der Brust gefalteten Händen (diese ergänzt!) ist Maria in bodenlange Gewänder gehüllt, die ihren Körper in reicher und vielfältiger Fältelung umspielen. Weniger überzeugend wirkt die Ponderierung der Figur: Zwar ist das rechte Knie vorgedrückt und das Bein dadurch als entlastet (= Spielbein) definiert, de facto aber bleibt die Gewichtsverteilung zwiespältig und unentschieden. Den Kopf bedeckt ein weich fallendes Tuch, das Gesicht rahmt zusätzlich eine streng angepaßte Kappe. Reste einer farbigen Fassung wurden 1961 entfernt. Die Madonna gehörte zu einer aus Christus, Johannes, Maria Magdalena und der Gottesmutter bestehenden Kreuzigungsgruppe.

ZWEI APOSTEL

je 44 cm hoch
Eichenholz, abgelaugt, ehem. farbig gefaßt
1. Hälfte 18. Jh.
Inv. Nr. P 7 und P 8
I. Etage, Raum 8

Beide Figuren gehörten ursprünglich, wie die Zapfen an der Unterseite anzeigen, zu einem Altar (als Bekrönung) oder zu einem Chorgestühl. Nach Physiognomie und Gebärde scheint es sich um Petrus und Paulus zu handeln. Sie sind zeittypisch pathetisch bewegt in reifem Kontrapost dargestellt. Der linke Unterarm Pauli ergänzt, die Petrusfigur von starkem Wurmfraß zernagt. Von mittlerer Qualität.

KIRCHENFAHNE

282:191 cm
Seidendamast/Leinen/Öl
2. Hälfte 18. Jh., restauriert 1971
Inv. Nr. T Fa 1
I. Etage, Raum 8

Große dreieckige Fahne, die unten in zwei rundbogig geschnittenen Zipfeln endet, aus grünem Seidendamast mit hochovalem, bemaltem Medaillonfeld in der Mitte. Das Bild ist auf ein eingesetztes Leinwandstück beidseitig in Öl gemalt. Die Vorderseite zeigt Franziskus knieend in einer Landschaft mit einer Stadt rechts im Hintergrund, wie er von der in Wolken thronenden Madonna den Rosenkranz empfängt; die andere Seite zeigt Dominikus knieend vor einer Seelandschaft mit einem Kahn zur linken, der gleichfalls von der Madonna den Rosenkranz empfängt.

ENGELPIETÀ MIT MARIA UND JOHANNES

(Schmerzensmann)
62,5:46 cm
Tempera auf Holz
Meister der Lindauer Beweinung, 1420
restauriert 1950
Inv. Nr. ÖAKD 34
I. Etage, Raum 8 (Abbildung Seite 28)

Die großflächig und ruhig angelegte Komposition wird von vier Halbfiguren bestimmt, die zu einer geschlossenen Gruppe zusammengefügt sind. Sie nimmt ihren Ausgang vom Sarkophag am unteren Bildrand und wird von den großen runden Nimben, die die Köpfe umgeben, und den hochaufragenden Pfauenfederflügeln des Engels oben abgeschlossen. Das Zentrum bildet der fahle Leichnam Christi im Sarkophag, aufrecht gehalten und den Gläubigen zur trauernden Anbetung gewiesen. Der Kopf mit der Dornenkrone ist zur Seite geneigt und wird durch die Gegenbewegung der drei nach rechts gerichteten Köpfe besonders hervorgehoben. Christus ist versehen mit allen Zeichen des erlittenen Kreuzestodes; ein besonderes gestalterisches Moment sind die regelmäßig verteilten ornamental wirkenden Blutstropfen der Geißelwunden. Zu beiden Seiten halten Maria und Johannes die ausgebreiteten Arme des Schmerzensmannes. Der Engel hinter ihm stützt ihn mit Hilfe des Grabtuches unter dem Arm und am Kopf, wie dies sehr ähnlich von Darstellungen der „Engelpietà“ bekannt ist. Die erstaunliche Leuchtkraft der lichten und zarten Farben: Blau, Weiß, Hellrot, Lindgrün der Hauttöne undGewänder, Braun des Sarkophages, mit einer feinen dunkelbraunen und weißen konturierenden Zeichnung ist auf die Lasuren und die Grundierung zurückzuführen. Die originale Bildschicht weist erhebliche Beschädigungen auf, was starke Übermalungen verschiedener Partien des oberen Bildteiles erforderlich machte. Dem stumpfen Grünblau mit durchschimmerndem Braun des Himmelgrundes liegt unter mehreren übermalten Schichten ein Lapislazuli-Blau zugrunde; der Grund der Engelsflügel und der Nimben war ursprünglich vergoldet. Die Darstellung, wie sie sich auf diesem **bedeutendsten** Gemälde der Lindauer Sammlung findet, ist ein ikonographisch interessanter Bildtypus. Allgemein Schmerzensmann, auch Beweinter Christus, Erbärmdechristus und Engelpietà, am genauesten aber „Engelpietà mit Maria und Johannes“ benannt, erscheint er in der deutschen Kunst Anfang des 15. Jhs. als Andachtsbild. Seine Herkunft wurde angeregt durch den vielseitigen Austausch künstlerischer Ideen in jener Zeit, wie dieser besonders während des Konstanzer Konzils 1414–1418 für das Bodenseegebiet angenommen wird. Die Verbindung von Schmerzensmann und Engel hat ihre Parallelen in gleichzeitigen französischen Miniaturen und in Meister Franckes Leipziger Schmerzensmann um 1410. Für eine geschlossene, die ganze Bildfläche ausfüllende Komposition einer Engelpietà, der Maria und Johannes hinzugefügt sind, wie auf unserer Tafel, ist bisher kein direktes Vorbild bekannt geworden. Die reine Flächenanordnung, der Ausdruck verhaltener Trauer, die Zartheit der Farbgebung, die weichen Falten der rhythmisch bewegten Gewänder und die innerliche Verkörperung des gesamten Leids der Welt durch einen in dieser Weise gestalteten Christus kennzeichnen das kleine Andachtsbild als gotisches Malwerk des sogenannten „weichen Stiles“. Ein neues, persönliches, ausdrucksstarkes Gestalten ist – trotz des noch altertümlichen Anscheins – jedoch unverkennbar und läßt einen bedeutenden Maler um 1420 erkennen, der mit dem Notnamen „Meister der Lindauer Beweinung“ versehen wurde, dem wir zwei weitere Tafeln in Köln und Ulm zuschreiben können und der etwa gleichzeitig tätig ist mit dem niederdeutschen Meister Francke, dem Meister der hl. Veronika in Köln und dem frühen Stephan Lochner aus Meersburg am Bodensee – dessen künstlerische Herkunft ebenso wie die seines Landsmannes, des Meisters der Lindauer Beweinung – im Schwäbischen liegt. Die Eigenständigkeit innerhalb eines weiten Zusammenhanges, der bis nach Frankreich führt, weisen das kleine Tafelbild als eines der kostbarsten der oberschwäbischen Kunst der Gotik aus dem Bodenseegebiet aus.

TRAUERNDE MADONNA

120 cm hoch
Lindenholz, um 1430, ursprünglich farbige Fassung
Inv. Nr. P 31
erworben 1955; restauriert in den 1930er Jahren
I. Etage, Raum 8

Die vollplastische Figur einer „trauernden Madonna“ steht auf sechseckigem Sockel. Das in geraden Falten über den etwas vorgewölbten Leib hinabfließende Gewand ist vermutlich goldfarbig gewesen, doch ist die Vergoldung

stark abgeblättert. Die Madonna trägt einen blauen Mantel, der über den Kopf gestreift ist und das Haar fast verdeckt. Die linke Hand preßt mit abgespreiztem Daumen das unter dem Überwurf vorlugende Kopftuch vor den Mund, wie um nicht laut schreien zu müssen. Der Unterarm stützt sich scheinbar auf den von der rechten Hand gerafften Mantel. Maria ist als Dame der ausgehenden Ritterzeit dargestellt: die Wangen sind leicht gerötet, die Augenbrauen hochgezogen, der Blick nur halb niedergeschlagen, ihre Haltung frei und ungezwungen. Sie gehörte mit Sicherheit zu einer Kreuzigungsgruppe (vgl. Inv. Nr. P 16, im Nachbarraum 7).
Sicher ist es eine schwäbische Arbeit, u. U. aus dem östlichen Bodenseegebiet (Fundort: zwischen Wangen und Isny); von sehr guter Qualität.

DER EVANGELIST JOHANNES

71 cm hoch
Lindenholz, Bodensee/Allgäu, um 1480
Inv. Nr. P 3
I. Etage, Raum 8

Auf sechseckigem Sockel steht grazil in leichter Drehung die zartgliedrige Figur des Evangelisten Johannes, die linke hält einen Kelch, die rechte Hand ist segnend-grüßend erhoben (durch starken Wurmfraß beeinträchtigt). Über eng anliegendem Hemd schwingt das Gewand unterhalb des rechten Armes in tiefer Höhlung aus, um in S-förmiger Kurve über den Körper – in Taillenhöhe gebauscht – in Parallelfalten schräg bis auf die Füße herabzufallen. Leicht schiebt sich das linke Bein unter dem Gewand nach vorn. Den Kopf schmückt ein dichtgelockter Haarpelz, das Gesicht ist breit, von verhalten gefühlvollem Ausdruck.
Einfache, aber reizvolle Arbeit, vermutlich aus dem Bodenseegebiet oder dem angrenzenden Allgäu, worauf die herbe Sprödigkeit der Figur deuten könnte.

TOTENTAFEL DER FAMILIE ANDREAS BERTSCH

176:282,5 cm (bei geöffneten Flügeln)
Tempera auf Holz, um 1650
Inv. Nr. ÖAKD 44
I. Etage, Raum 8

Der geschlossene Schrein zeigt auf beiden, mit profilierten Leisten gerahmten Türen die Wappen der Familien. Auf der linken Türe oben das gemalte Wappen des Stifters mit einem Buch im Schild und wohl einer männlichen Figur als Helmzier. Unter dem Wappen befand sich vermutlich eine Inschrift. Die rechte Tür trägt oben zwei gemalte Wappen: links das Krenckelsche Wappen – die erste Frau des Stifters war

Sarah Krencklin – und rechts das Felssche Wappen – die zweite Frau war Elisabeth Felsin. Auf der Innenseite des linken Türflügels oben die Vertreibung aus dem Paradies, unten eine Gerichtsszene. Auf der Innenseite des rechten Flügels oben die Darstellung des auferstandenen Christus, der Maria Magdalena und den Jüngern erscheint, das untere Bild zeigt einen alten Mann in der Landschaft sitzend, konfrontiert mit dem Tod als Sensenmann.
Bei geöffnetem Zustand der Totentafel werden im oberen Teil zwei religiöse Geschehnisse sichtbar: links die eherne Schlange und rechts die Kreuzigung mit Maria und Johannes und mehreren Begleitpersonen, jede Szene versehen mit einem eigenen Hintergrundsraum. Die beiden Vierzeiler unter dem Bildfeld beziehen sich auf den Inhalt. Im unteren Teil der Mitteltafel kniet in der Mitte der Stifter der Tafel, bildartig vor einen Landschaftsausschnitt komponiert, während seine Familienmitglieder links und rechts von ihm vor dunkelgrauem Hintergrund aufgereiht sind. Über ihm gibt ein rotes Kreuz seinen Tod an.

BETENDER ENGEL

Höhe 70 cm
Lindenholz, nicht gefaßt, um 1520
Inv. Nr. P 4
1909 erworben
I. Etage, Raum 8 (nebenstehende Abb.)

Auf tellerförmigem Sockel erhebt sich die Figur eines betenden Engels im Diakonsgewand. Die Arme sind betend vor den Körper gelegt, das lockenumspielte Antlitz nach rechts gewendet. Den schmalen Körper umhüllt ein in mehreren Parallelfalten stark plastisch gearbeitetes Gewand; nur im linken Unterschenkel und dem weit vorgesetzten Fuß gewinnt der Körper Eigenleben. Ein leicht verschmitztes Lächeln scheint den schmalen Mund zu umspielen. Diese insgesamt gute Arbeit mag am Untersee entstanden sein.

DIE MESSE DES HL. GREGOR

114:100 cm
Öl auf Holz, um 1500
Inv. Nr. ÖAKD 43
I. Etage, Raum 8 (Farbabb. S. 32)

Im Mittelteil des dreiteilig angelegten Bildes kniet Papst Gregor I. – seine Begleitung steht seitwärts hinter ihm – und blickt zu dem aus dem Sarkophag aufsteigenden Schmerzensmann auf dem Altar, der auf eine Vision zurückgeht, die Gregor zuteil wurde. Die rechten und linken Bildteile werden von ganzfigurigen stehenden Heiligen der Dominikaner, rechts Margarete von Ungarn, links Abt Hermathus, eingenommen. Die Farben sind wohl abgestimmt: das Rot, Weiß/Grau, Braun, Grün der Gewänder geben Farbigkeit, ohne laut zu sein und klingen gut mit dem sternenübersäten, goldfarbenen Himmelsgrund, den grünen Hintergründen und den hellen Raum- und Altarfarben zusammen. Vergoldungen sind sparsam gesetzt und heben die Farbigkeit. Die ganze Arbeit verrät einen guten Meister der ausklingenden Gotik um 1500, der in der Realistik, dem Figürlichen, der Raumauffassung und anderer spätgotischer Elemente der Malerei im weiteren Umkreis des Ulmischen Hauptmeisters jener Zeit, Bartholomäus Zeitblom, gesucht werden könnte.

MADONNA

Höhe 36,5 cm
Eichenholz Mecheln, um 1490/1500
Inv. Nr. P 33
erworben ?; restauriert 1960
I. Etage, Raum 8 (Abb. S. 33 oben)

Maria steht auf flachem rechteckigem Sockel. Ihr Kind trägt sie auf dem rechten Arm, während die vorgestreckte Hand wohl einst ein Szepter gehalten hat (wie ein Bohrloch anzudeuten scheint). Sie trägt ein goldenes Gewand mit eng anliegendem Oberteil, quadratischem Halsausschnitt und weitem, in spitzen Schüsselfalten über den Leib fallenden Rock. Der Mantel bedeckt beide Schultern, hat lange, weite Ärmel. Sein Saum ist unter beiden Armen etwas angehoben, so daß das darunterliegende Kleid und am rechten Fuß ein Stück des roten Untergewandes sichtbar werden. Mantelsaum, Kleidersaum und das miederartig anliegende Oberteil weisen Reste eines gepunzten Musters auf, der Saum des Mantels etwa regelmäßige, sechsblättrige goldene Blüten mit blauen und roten Punkten. Den Kopf bedeckt eine knappe burgundische Haube mit kranzähnlichem Rand, in den ein goldenes Band geflochten ist. Vielfach ist die Farbe bis auf den roten Bolusgrund abgesplittert. – Hände des Kindes fehlen. –

RUHE AUF DER FLUCHT VOR EINER LANDSCHAFT

43,5 : 33 cm
Öl auf Kupferblech, 1. Hälfte 17. Jh.
Jan Brueghel d. J. zugeschr.
Inv. Nr. ÖAKD 45
I. Etage, Raum 8 (Abb. S. 33 links unten)

Im Vordergrund die Komposition einer stark bewegten Figurengruppe: Maria mit dem Kind, Johannesknaben und zwei Engeln in Anlehnung der Figuren des Hendrick van Balen, wie sie von zwei Gemälden Jan Brueghel d. Ä. in

Madrid bekannt sind, auf denen van Balen die Staffagefiguren malte. Die Gruppe ist umgeben von hohen Bäumen, blühenden Blumen und Rosenstrauch; zahlreiche Vögel, ein Äffchen und eine Meerkatze sitzen in den Ästen, links im Gras zwei Meerschweinchen. Das blasse Rot und Gelb an den Gewändern, Vögeln, Früchten und Blumen sind Farbakzente, die das Vordergrundsgeschehen beleben. Das alles kehrt sehr ähnlich wieder auf dem Gemälde ,,Das Paradies" Jan Brueghel d. Ä. in West-Berlin. Die Vordergrundskomposition ist vor eine blaugrüne Waldlandschaft mit Büschen, Wiese und Lichtung gesetzt; im Mittelgrund Josef und der Esel. Die Landschaft ist die der manieristischen Waldlandschaft, wie sie von Gillis van Coninxloo zuerst in Antwerpen, dann 1587–1595 zusammen mit der Gruppe der niederländischen Maler in Frankenthal/Pfalz geprägt und von Jan

Brueghel d. Ä. und Adam Elsheimer übernommen und weiterentwickelt worden ist. Von der hochstehenden Malerei Elsheimers enthält unser kleines Bild nichts, von der des Jan Brueghel d. Ä., dem Blumen-Brueghel, nur die Komposition, es kann jedoch für Jan Brueghel d. J., Sohn Jan d. Ä. (1601–1678), der ebenfalls Maler war und den Spuren seines Vaters folgte, außerdem noch Kunsthändler war, in Anspruch genommen werden. Jan d. Ä. galt schon zu seinen Lebzeiten zu Anfang des 17. Jhs. neben Rubens als der bedeutendste Künstler Antwerpens, dessen Ruhm und Nachfrage nach seinem Werk sich über ganz Europa erstreckte. Ein rege blühender Kunsthandel hatte zahlreiche eigenhändige Repliken, Werkstattwiederholungen, Kopien und Nachahmungen zur Folge, die bis ins 18. Jh. hinein hergestellt wurden. Im Zusammenhang mit diesen kunsthändlerischen Interessen ist auch unser kleines qualitätvolles Bild in der Art des Jan Brueghel d. Ä. aus der 1. Hälfte des 17. Jhs. zu sehen.

MADONNA MIT KIND

1,28 m hoch
Lindenholz, farbig gefaßt, um 1480
Inv. Nr. P 5; restauriert 1945
I. Etage, Raum 8 (Abb. S. 33 rechts unten)

Auf schmalem Sockel steht in fast unmerklicher Drehung eine bekrönte Madonna in weit schwingendem rotem Mantel. Ihr linker Arm trägt das Christuskind, das sich zusätzlich an ihrem Gewand festhält. Seine linke Hand balanciert die Weltkugel, Symbol der Herrschaft, auf dem Knie. Maria hält zusätzlich das Szepter, weiteres Emblem des Königs dieser Welt. In weichen Strähnen fällt ihr Haar gleichmäßig nach beiden Seiten herab. Ausdrucksvoll blikken die mandelförmigen, weit auseinanderstehenden Augen, schmal profiliert ist der Mund, schön die lange gerade Nase. Insgesamt erscheint der Kopf auf dem schlanken Hals überproportional groß und wirkungsmächtig. Die Drapierung der Gewandmassen unterstreicht die Ponderation der Figur: Der geneigten und belasteten linken Körperhälfte entspricht das vorgestellte rechte Spielbein, der erhobenen rechten Schulter die massive Gewandfaltung am Boden links. (Standfläche, Gewandsaum und Fuß sind Ergänzungen des Restaurators).

GEBURT CHRISTI

27:21 cm
Öl auf Kupferblech
frühes 17. Jh.
Inv. Nr. ÖAKD 15
I. Etage, Raum 8 (Farbabb. S. 34)

Kleinfigurenbild einer Geburt Christi mehr in der Art der Augsburger Kleinmeister – aber nicht genau bestimmbar – als in der der Niederländer dieser Zeit. Neben ausgesprochenen manieristischen Stileigenheiten, die besonders in der trüben Farbigkeit und der flackernd-unruhigen Lichtführung liegen, zeigt sich doch im ganzen das Bild schon als Ausdruck der neuen barocken Auffassung. So die gedrängte, reliefhafte Figurenschichtung um einen einheitlichen, konzentrischen, kompositionell und farbig hervorgehobenen Mittelpunkt, in diesem Fall das Christuskind auf Stroh; rechts vor ihm die Madonna, hinter ihr Joseph, im übrigen Kreis Engel mit Marterwerkzeugen. In den Lüften darüber als zweites Helligkeitszentrum drei schwebende nackte Putten mit Nägeln, Dornenkrone, Hammer und Zange. Im Hintergrund links Ausblick in eine grün bewaldete und ganz in der Ferne liegende Hügellandschaft.
Eine Datierung um 1620 wird vorgeschlagen.

HL. WOLFGANG(?)

50 cm hoch; Lindenholz, um 1500, ungefaßt
Leihgabe Frau A. M. Weitnauer 1975
Inv. Nr. P 52; 1944 restauriert
I. Etage, Raum 8 (unter Glassturz)

Der Heilige steht mit leicht nach links geneigtem Kopf und elegischem Gesichtsausdruck auf einer flachen Standplatte. Schmale, leicht abfallende Schultern charakterisieren ihn als zarten Typus. Die rechte Hand hält den Bischofsstab, die linke rafft den Mantel; in der Armbeuge ruht das Kirchenmodell. Der weite Bischofsmantel läßt nur an einer Stelle das Körpervolumen durchscheinen: am rechten Oberschenkel des nach vorn gesetzten Spielbeines.
Die Rückseite ist nicht voll durchgearbeitet, was für eine Aufstellung in einer Nische (eines Altars?) spricht.
Nach maschinenschriftlicher Angabe Dr. Weitnauers stammt der hl. Wolfgang „aus einer verfallenen Wegkapelle zwischen Muthmannshofen und Frauenzell (bei Kempten) im Allgäu (...) und war sehr heruntergekommen."

GEORG WALTER VON PFISTER

105:88 cm
Öl auf Leinwand, um 1750

Inv. Nr. ÖLPP 1
I. Etage, Raum 9 (Flur, linke Wand)

Halbfigurenbild des Herrn Georg Walter von Pfister (1693–1761), 1754–1760 dritter Bürgermeister von Lindau, in Galarock, Spitzenjabot, ziegelroter Tuchdraperie über seinem rechten Oberarm und weißer Allonngeperücke. Das Kostüm, das Alter des Dargestellten und die Farbgebung – der Zusammenklang von stark nachgedunkeltem Braun, von Ziegelrot, Gold, Blau, Grau und Weiß – weisen auf eine Entstehung um 1750 hin. Dazu gehört als Pendant das Porträt seiner Frau, welches nebenan hängt.

ANNA REGINA TRAPPEN VON TRAPPENSEE

126:89 cm
Öl auf Leinwand, um 1677; rest. 1944
Inv. Nr. ÖLPP 47
I. Etage, Raum 9 (rechte Wand; Farbtafel S. 37)

Porträt einer Lindauer Patrizierin im Barockkostüm. Das Kniebild zeigt die etwa 18jährige, 1659 geborene junge Dame in stehender Haltung leicht nach links gewendet, in kostbarem rotem und goldenem Brokatstoff. Die Nelken in der rechten Hand, die nach alter Überlieferung als Symbol des Verlöbnisses und der Treue gelten, charakterisieren das Gemälde als Verlobungsbild; daher ist es um 1677 zu datieren. Die belebenden Gegensätze des An- und Abschwellens der Stoffhülle und des über der Hüfte gerafften gespaltenen Oberrockes mit tiefem Leibchen, die weiten durch Bänder gerafften und verzierten gebauschten Ärmel, Spitzenkragen, Dekolleté, Farben und Muster zeigen die Mode der Zeit des Barocks, sind gut getroffen und in qualitätvoller Malerei ausgeführt. Der Künstler ist indessen unbekannt.

STRICKTEPPICH (SCHLITTENDECKE?)

230:230 cm
Colmar, 1749 (Haus Boub zugeschr.)
Leihgabe des ehem. adeligen Damenstifts
I. Etage, Raum 10 (Ausschnitt: Abb. unten)

Der Teppich gehört in die Reihe der oberrheinischen und schlesischen Arbeiten dieser Technik, die heute als verschollen gelten darf, die aber die Kunst des Strickens auf einer Höhe zeigt, die der des Teppichwirkens in nichts nachsteht. Diese Technik erlaubt den beliebigen Wechsel der farbigen Wollfäden und des groß gedachten figürlichen und ornamentalen Schmuckes, ohne auch nur einen Augenblick von der Strenge der klaren und einheitlichen Strickart abzuweichen. Zwei bekrönte Löwen halten mit den Vordertatzen ein Wappen, das neben dem doppelköpfigen Adler die Buchstaben FXRM und die Jahreszahl 1749 aufweist. Die Darstellung ist eingebettet in eine reiche Dekoration von Blüten, Blumen und Pflanzen sowie verschiedenen Tieren, vor allem Pfauen, die antithetisch zueinander geordnet sind, sowie Papageien und Bären. Die vorherrschenden Farben sind Blau und Rot. Die genannten Einzelheiten sind typisch für die Colmarer Werkstatt, vgl. Hans J. Fahrenkamp, Gobelins,..., 1977, S. 86 ff. (s. Lit.Verz.).
Die beiden motivisch nächsten Verwandten befinden sich in Straßburg und München (Bayer. Nationalmuseum). Bis heute ist die Bedeutung der Initialen F. X. R. M. noch nicht geklärt.

Anna Regina Trappen v. Trappensee
um 1677

den Wänden der Küchen liefen ringsum offene Regale, auf denen Zier- und Gebrauchsgeschirr übersichtlich angeordnet wurden. Im 19. Jh. wandelte sich dies: Komplizierte heizbare Backbleche zogen in die Küche ein, man montierte richtige Wasserstellen, die durch Tanks von außen her gespeist wurden und sogar mit kleinen Kupferhähnen zu verschließen waren. Die Puppenküchen des späten 19. Jhs. erkennt man in der Regel daran, daß der Herd separat steht und auch nicht immer zu der übrigen Einrichtung paßt. Auch die ganz teuren Porzellan- und Silbergeschirre verschwanden mehr und mehr von den Regalwänden der Küchen. Emailgefäße, Glas, Blech und Steingutgeschirre kamen nun als Spielzeug in Mode. Auch bestand das Mobiliar nicht mehr nur aus Regalen: Speiseschränke, Spültische und Eßecken ergänzten die Küchen in wohnlicher Form.

EISENOFEN

190:86,5:137,5 cm
datiert 1693
Inv. Nr. O 9
I. Etage, Raum 11

Rechteckiger eisener Ofen auf einem Wandsokkel und zwei steinernen, stark profilierten Füßen mit Akanthusblattrelief. Der breite Unterbau zeigt ornamentierte Platten, seitlich mit Fruchtgehängen, an der Stirnseite mit einem Blattkranz aus gekreuzten Zweigen um die Jahreszahl 1693 und der Inschrift „Alles mit Gott". Der Aufsatz mit einer rundbogigen Öffnung an der Front besteht aus Platten mit Rebstockdekoration zwischen vertikalen Stäben. Kommt aus dem Haus der Schneiderzunft (Linggstr. 20).

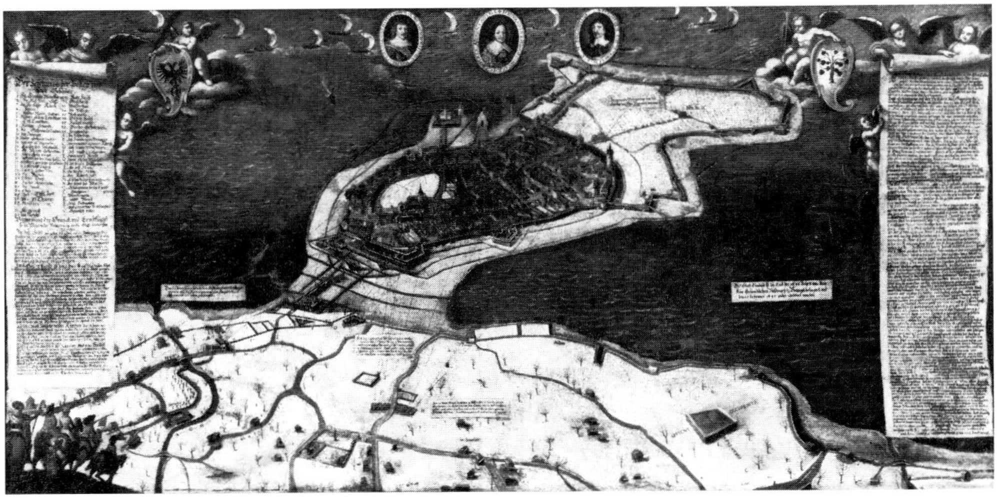

BELAGERUNG DER STADT LINDAU DURCH DIE SCHWEDEN

89:179 cm
Öl auf Leinwand, datiert 1647
Inv. Nr. ÖHD 1
I. Etage, Raum 12

Vogelschaubild der Stadt Lindau während der Belagerung durch die Schweden vom Ende des Jahres 1646 bis zum 25. Februar 1647. Am vorderen Bildrand in halb planmäßiger, halb ansichtsmäßiger Darstellung das Aeschacher Ufer mit dem Verlauf der Wege und der Aufstellung der schwedischen Batterien, die mit großen Druckbuchstaben bezeichnet, teilweise auch mit Schrifttafeln und weitläufigen Texten versehen sind. In der Mitte des Bildes die Stadt selbst, verbunden mit dem Aeschacher Ufer durch einen trockenen Streifen des „Kleinen Sees", der zur besseren Verteidigung von den Lindauern mit Gräben durchzogen ist, und mit den Resten der damals abgebrochenen steinernen Landtorbrücke. Das Stadtbild selbst ist für die topographische Kenntnis Lindaus in dieser Zeit sehr wertvoll; es bringt eine gute Wiedergabe und Numerierung von Einzelheiten, die auf der links nebenstehenden Inschriftrolle erklärt sind. Darunter und auf der symmetrisch zu dieser auf der rechten Bildseite befindlichen Rolle fortgesetzt, eine „Beschreibung der Granat- und Erstkugel, so in Wehrender Belagerung in die Statt geworffen worden". Die Geschoßlinien sind als dünne, schwarze Striche von den Batterien bis zu den Einschlagstellen eingezeichnet. – Der die Stadt umgebende See ist in dunkelgrünen Abschattierungen mit leichten, weiß angedeuteten Wellen gegeben, befahren dicht unter dem oberen Bildrand von der feindlichen Ruder- und Segelflotte, die vom See aus Lindau beschießt und von dort aus beschossen wird.

NEUBAU DER STIFTSKIRCHE 1748

80:115 cm
Öl auf Leinwand, 1748
Inv. Nr. ÖHD 3
I. Etage, Raum 13

Bei einem verheerenden Stadtbrand von 1728 war die Stiftskirche in ihren westlichen Teilen stark beschädigt worden und wurde 1748–1752 zusammen mit dem Konventsgebäude durch die Mittel und unter der Leitung der Äbtissin Theresia Wilhelmine, Gräfin von Polheim, in spätbarockem Stil von dem Architekten und Baumeister J. C. Bagnato wieder errichtet. Das Gemälde zeigt eine nüchterne Wiedergabe der Bauvorgänge, allerdings ohne besondere Genauigkeit; es scheint nicht an Ort und Stelle entstanden zu sein.

Gezeigt wird die durch Brand und Abbruch nach oben und nach der Seite zu offene Ruine der alten romanischen Kirche, von Süden gesehen, mit Gerüsten, auf denen eine Vielzahl von Arbeitern und Steinmetzen mit dem Bearbeiten von Steinen beschäftigt sind, wie auch im Vordergrund des Bildes auf dem Vorplatz; links daneben eine Kalkbrennerei. Dazwischen der Stiftsbaumeister und auf und ab gehende Stiftsfräulein resp. Nonnen, die Körbe und Gefäße tragen, Gänse füttern usw. – Im Hintergrund Dach und Turm der Stephanskirche.

Die Gesamtfarbigkeit des Bildes ist schmutzigtrüb, vorherrschend braune und graue Farbtöne, belebt durch die leuchtender und bunter gegebene Kleidung im figürlichen Detail. Oben Inschrift mit Hinweisen auf die Wohltäterin.

DELLERSCHE TOTENTAFEL

93:461 cm bei geöffneten Flügeln
Öl auf Holz, datiert 1604
Inv. Nr. ÖAKD 35
I. Etage, Raum 13 (Abb. oben)

Von ganz besonderem Wert für die Geschichte Lindaus aus der Zeit vor dem Dreißigjährigen Krieg ist diese Totentafel, die vom Leben und Sterben der evangelischen Familie Deller berichtet. Sie zählt zu den schönsten ihrer Gattung. Stufenweise steigert sie ihren Reichtum an Inhalt, Komposition, Farbe und Zeichnung von den Flügeln her bis zur großen Mitteldarstellung, die sich wiederum nach der Tiefe in zwei Bildschichten gliedert. Auf einer schmalen Vordergrundbühne knieen zu Füßen des Kruzifixus, der die Tafel in zwei Hälften teilt, links die männlichen, rechts die weiblichen Toten der Familie. Tafeln dieser Art geben Aufschluß über die hohe Kindersterblichkeit der damaligen Zeit. Die Totgeborenen oder als Säuglinge gestorbenen Kinder liegen als Wickelkinder zu Füßen der anderen. Damals, 1604 zur Entstehung der Tafel, sind von 10 Töchtern 4 als verstorben bezeichnet durch kleine rote Kreuze über den Köpfen, von den 4 Söhnen ist keiner mehr am Leben. Ihre Mutter, zwischen Wiegen und kleinen Särgen lebend, wurde ständig mit dem Tod konfrontiert.

Hinter den männlichen Familienmitgliedern zeigt sich, perspektivisch stark verkürzt, die Insel Lindau mit den beiden Kirchen, von der aus eine Steinbrücke über den See zum Festland führt. Dahinter, wieder in anderer Perspektive und anderem räumlichen Zusammenhang gesehen, breitgelagert und mit hochliegendem Horizont, liegt das Festland. Reich ist die landschaftliche Szenerie dieser Bildzone, die von den Lebensverhältnissen der Deller erzählt: Da sind zu sehen der Aeschacher Friedhof, wo sich das Grab und damit die dazugehörige Tafel befanden, die Siechensiedlung, das Rainhaus, der Gutshof in Reutin mit aller Zier des Hauses und des Gartens, menschlichem und tierischem Leben, im Hintergrund Schloß Moos – auch eine Besitzung der Familie – und ganz rechts die Rickenbacher Kapelle. Eine Lädine (= Lastkahn) weist auf den Handel der Deller hin. Das Ganze ist voll von Anspielung und Bezugnahme auf Wohnung, Stiftungen und Dasein der Familie.
Die Innenseiten der **Flügel** sind als gruftartige, perspektivische Nischenarchitektur wiedergegeben mit illusionistischen Lichtwirkungen, worin je zwei Doppelwappen haltende Engel stehen. Die Zeichnung ist reich und die gelbrote Farbigkeit lebhaft und leuchtend. Der Name des Malers ist unbekannt, doch können wir annehmen, daß er in Lindau ansässig war.

HL. ELISABETH (?), geb. 1385, mit Krone und Buch
Relief, 107 cm
Lindenholz, gebeizt; allgäuisch, um 1510
Inv. Nr. P 1, erworben 1909
I. Etage, Raum 13

Über einfachem Untergewand mit rundem Halsausschnitt und genesteltem Blusenteil trägt die Heilige ein bis über die Füße herabfallendes, sich in zahlreichen Knitterfalten auf dem Boden stauendes Gewand. Es fällt rechts in langer, ungebrochener Bahn herab, links in einigen Dreieckzipfeln. Das leicht nach links geneigte, jugendlich-runde Gesicht wird von langfließenden über die Schultern fallenden Haaren gerahmt, auf deren Scheitel sie die Dornenkrone (?) trägt. Ähnlich ist die Muttergottes (mit Sylvester und der hl. Anna) eines Füssener Meisters aus Zell, jetzt Bayer. Nationalmus. in München, vgl. K. Gröber, Schwäbische Skulptur der Spätgotik, München 1922, Abb. 70, und ein Relief einer Maria Magdalena, Ulm, ca. 1510, Kreis des Nikolaus Weckmann, s. Auktionskatalog der Slg. Oertel, 1979, Nr. 28. Das Stück stammt aus Wasserburg am Bodensee.

SCHWARZE MADONNA

Höhe 69 cm
Lindenholz, originale Fassung
Kopie des 17. Jhs. der Madonna in Altötting von 1350 (?)
Inv. Nr. P 20
restauriert 1945
I. Etage, Raum 13 (Abb. unten)

Votivskulptur aus Altötting, die offenbar widerrechtlich von ihrem ursprünglichen Standort entwendet wurde und dabei starke Verstümmelungen erlitt, um sie unkenntlich zu machen. So war sie bis zu ihrer Restaurierung im Oktober 1945 mit roter, blauer, grüner Ölfarbe übermalt, das Gesicht war kalkig weiß übertüncht. Zudem wurden das Kopftuch und die Schüsselfalten unter dem rechten Arm abgesägt (der Fichtenholzsockel ist modern). Die kostbare, sehr sorgfältige Fassung in Gold, Rot und Silber hält sich an das gotische Original; eine Pappmaché-Krone ist noch hinzuzudenken. Der Typus der „Schwarzen Madonna" erfreut sich insbesondere volkstümlicher Verehrung wie in diesem Falle an einem Wallfahrtsort wie Altötting. Die nachweislich schwarz angelegten Skulpturen haben Bezug zu der Stelle des Hohenliedes 1,5): „Ich bin schwarz, aber schön". Seit Konrad von Würzburg, der gegen 1270 in seiner „Goldenen Schmiede" unter Berufung auf diese Bibelstelle ausführt: „Du sprichst vrouwe reine, daz du swarz unt schoene", in der bildenden Kunst des MA. verbreitet.

CHRISTUS HEILT BESESSENE

80:64 cm
Öl auf Leinwand, um 1760
Kreis des Paul Troger
Inv. Nr. ÖAKD 12
I. Etage, Raum 13

In der Mitte einer hohen Innenarchitektur, beleuchtet von links vorne, steht aufrecht und frei Christus, nach rechts zu den Besessenen gewendet. Hinter ihm die Gruppe der zuschauenden Jünger, vorn am Bildrand zwei Juden. Die Farbigkeit ist bestimmt von dunklen braungrünen Tönen, aus denen nur die Farben hervortreten, auf die – ganz im Sinne der späten Barockmalerei – das Licht fällt.
In dem Ganzen kann eine Erfindung des Österreichers Paul Troger (1698 Welsberg/Südtirol – 1762 Wien) gesehen werden: in der ausgewogenen Komposition, der starken Tiefenwirkung durch Staffelung der Figuren, in der einfachen, blockigen Faltengebung, dem von den Venezianern übernommenen Helldunkel, in Farbgebung und Lichtführung mit Reflexen auf den einzelnen Gestalten. Ehemals für ihn selbst in Anspruch genommen, gehört das Bild wohl eher dem Kreis um Troger an, da es nicht signiert ist. Es wäre demnach als Kopie (?) nach diesem anzusehen, aus dem großen Schülerkreis

Trogers an der Wiener Akademie, der das von ihm ausgebildete Kompositionsprinzip übernommen und in allen damaligen österreichischen Ländern und in Süddeutschland verbreitet hatte.

AUFERWECKUNG DES LAZARUS

80:64 cm
Öl auf Leinwand, um 1760
Umkreis des Paul Troger
Inv. Nr. ÖAKD 13
I. Etage, Raum 13 (Abb. oben)

Auf Stufensockel in vorgebeugter Haltung steht Christus, unter ihm aus dem Grabe aufsteigend Lazarus, dahinter Maria und Martha, rechts fünf Jünger. Komposition und Farbigkeit entsprechen ganz dem Gegenstück „Christus heilt Besessene", die Ausführung ist von gleicher Hand. Obwohl „P. Troger inv." bezeichnet, kann das Gemälde nicht von Troger selber stammen. Die Bezeichnung bezeugt lediglich, daß Troger die Komposition erfunden hat.
Eine gleiche Fassung befindet sich in München (Bayer. Staatsgemäldesammlung, Inv. Nr. 10981). So ist dieses Gemälde wohl auch nur eine Zweitfassung des Themas aus dem Trogerkreis.

HL. JOHANNES (?)

127 cm hoch
Lindenholz gebeizt; allgäuisch, um 1510
Inv. Nr. P 2
erworben 1909
I. Etage, Raum 13

Stehender Heiliger in zeitgenössischer Tracht, langem Mantel mit durchgehendem Revers und tief herabhängenden Manschettenärmeln mit Mittelschlitzen, durch welche die Arme gesteckt sind. Der linke Arm ist vor der Brust abgewinkelt, die Hand des erhobenen rechten Armes ist im Segensgestus geöffnet. Der Kopf mit der knochigen breiten Backenpartie und den dichten ,,Korkenzieher"-Locken ist leicht nach rechts geneigt. Die mit grobem Schuhwerk bekleideten Füße stehen breitbeinig auseinander auf schmalem, Felsuntergrund andeutendem Boden. Die Formensprache ist breitflächig, grob, die Falten sind in parallelen Bahnen geführt. Insgesamt ist die Qualität als mittelmäßig zu bezeichnen.
(Gegenstück zu P 1 daneben)

KABINETTSCHRÄNKCHEN

71:108:50 cm
Fichtenholz mit Nußbaum furniert, Schranktüren fehlen
süddeutsch, um 1640/50
Inv. Nr. Möb. A 22
I. Etage, Raum 13

Die Kabinettschränke, Modemöbel der Spätrenaissance und des Frühbarock, entwickelten sich aus dem tragbaren Schreibkasten, der im Innern mit vielen Schubladen und Geheimfächern ausgestattet, auf einen hohen Tisch abgesetzt und auf Reisen mitgenommen werden konnte. Erst in der Mitte des 16. Jhs. wurde dieser Schreibkasten nach spanischem Vorbild in Deutschland eingeführt.
Im Florenz des 16. Jhs. wurde der Typus des schwarzen Kabinettschrankes ausgebildet, der besonderen Anklang und überreiche Ausstattung mit Elfenbein- und Steineinlagen, mit Silberbeschlägen in Süddeutschland und Sachsen erfuhr. Das Lindauer, sehr sorgfältig geschnitzte und dunkel gebeizte Kabinettschränkchen sollte den schwarzen, in dieser Zeit modischen Ebenholzkabinettschränken ebenbürtig sein. Architektonische und ornamentale Motive sind gliedernd und schmückend über die Fassade und ihre 22 Fächer verteilt: Volutenförmig ausgebildete Pilaster, besetzt mit Akanthus- und Schuppenornament, kannelierte, toskanische Dreiviertelsäulen, muschelverzierte Nischen, in welchen gedrechselte Vasen stehen, gesprengte Segmentgiebel, verkröpfte Profile, Diamantknöpfe und das für die 1. Hälfte des 17. Jhs. charakteristische Beschlagwerk (Ornamentik in der Attikazone), dazu fein ornamentierte Messingknöpfe (vgl. Schmuckschrein aus der Stadt St. Gallen, Volkskundemuseum St. Gallen, Inv. Nr. 19717).

RECHTFERTIGUNG DES ARMEN SÜNDERS VOR GOTT

166:115 cm
Öl auf Zink, datiert 1622 (Rahmen von 1682)
bez. Joa. Geo. Hiebeler
Inv. Nr. ÖAKD 7
rest. 1957
I. Etage, Raum 13

Interessantes Beispiel der so seltenen protestantischen Ikonographie. Zugrunde liegt ein Flugblatt, in Kupfer gestochen vom Nürnberger Stecher Jost Ammann aus dem Jahr 1585, dessen Entwurf und theologisches Programm von dem Nürnberger Theologen und Superintendenten von Altenburg, Caspar Melissander, stammen.
Figurenreiche, hochrechteckige Bildtafel mit halbrundem oberem Abschluß, zu beiden Seiten daneben im selben Rahmen zwei schmale, hochrechteckige Schrifttafeln mit der Erklärung: ,,Wer dies Gemäld will recht verstehn, darf nicht gleich stracks von dannen gehn...", von Joa. Geo. Hiebeler, Füssen, von 1622, wie die unten angebrachte Künstlersignatur besagt. Alle drei Zinntafeln zusammen in breitem, schwer profiliertem, schwarzem und mit gol-

denen Rankenornamenten verziertem Rahmen, der oben in der Mitte die Überschrift trägt: „Rechtfertigung dess Armen Sünders Vor Gott". Unten in der Mitte, durch ein Ornament getrennt, die Jahreszahl 1682. Der Rahmen ist also 60 Jahre jünger als die Bildtafel. – Farbigkeit ebenso wie Komposition und Zeichnung verharren ganz in manieristischem Stilempfinden.

GESTICKTE LEINENDECKE

164:134 cm
spätes 16. Jh.
Inv. Nr. T St 1
I. Etage, Raum 13

Stickerei in weißem und hellblauem Leinen und hellbraunen Konturen auf weißem Linnen. Zwei Doppelhenkelvasen am rechten und linken Rand des Tuches entwächst eine große Ranke. Sie faßt das zentrale Bildfeld und die es umgebenden Evangelistensymbole ein. Das in der Mitte dargestellte Thema: „Susanna im Bade", kompositorisch unterteilt durch eine gedrehte Säule. Rechts das nackte junge Mädchen und die beiden neugierigen Männer, links ein Brunnen in Renaissance-Formen und ein Balkon, von dem ein Alter durchaus interessiert zusieht. Um diese biblische Szene angeordnet links der Stier für „Lucas", der Engel für „Matheus", der Adler für „Johanes" und der Löwe für „Marcus". Der Untergrund wird von vielen Tieren belebt: Vögeln, Hirschen, Rehen, Einhorn, Pferd und Bär.

KREUZTRAGUNG CHRISTI

64:53 cm
Relief, Lindenholz, ungefaßt
allgäuisch, um 1510
Inv. Nr. P 10; erworben 1909
I. Etage, Raum 14 (Abb. unten)

Es handelt sich hierbei um eine Passionstafel aus einem Altarzusammenhang unbekannter Herkunft. Dargestellt ist der Augenblick, als Christus auf dem Wege nach Golgatha unter der Last des Kreuzes zusammenbricht. Sieben Figuren, die drei Marien und vier Soldaten, umgeben ihn. Während zwei Landsknechte rechts, im Profil gesehen, vorwärtsschreiten, ohne der Situation gewahr zu werden, hat sich um Christus eine halbkreisförmig angeordnete Gruppe gebildet. Durch ihre Bewegung, Gestik und Mimik reagiert sie völlig unterschiedlich auf den Vorfall: Ein Mann (Simon) nimmt Jesus die Last des Kreuzes ab, die drei Marien blicken zutiefst betrübt; die rechte ist auf die Knie gefallen, um nahe zu sein und irgendwie zu helfen. Hämisch grinsend steht ein Häscher dazwischen, den rechten Arm zum Schlag mit einem Rutenbündel, einer Peitsche o. ä. angewinkelt. Dieses sehr naturalistische Relief ist kurz nach 1510 wohl im Allgäu entstanden (vgl. dazu Auktions-Katalog Slg. Oertel, München 1979, Nr. 36, dat. ca. 1530).

MADONNA MIT KIND

102 cm hoch; Lindenholz, um 1460; originale Fassung
Inv. Nr. P 17
erworben von K. Zeller 1939, restauriert ebda.
I. Etage, Raum 14 (Farbabb. S. 46)

Auf unregelmäßig ovaler Standfläche, an deren Vorderseite als Symbol der Unbeflecktheit (Immaculata) die Mondsichel zu erkennen ist, erhebt sich in graziösem S-Schwung die von reichen Gewändern bekleidete Figur. Der Gesamtaufbau entspricht ganz dem der Zeit (Spätgotik), wobei nur die linke Unterseite durch mehrere senkrecht geführte Parallelfalten als die Seite des (unsichtbaren) Standbeins, die rechte durch ein leicht vortretendes Knie und eine seitwärts gesetzte Fußspitze als die des Spielbeins gekennzeichnet ist. Der linke Arm stützt in der Hüftgegend das mit überkreuzten Beinen fast aufrecht sitzende Kind, die rechte Hand rafft mit eleganter Gebärde einen Gewand-

bausch vor dem gewölbten Leib. Der durch das hochgegürtete Unterkleid sehr kurz erscheinende Oberkörper tritt zurück; der Kopf mit dem in der Mitte gescheitelten und in langen, fließenden Wellen zu beiden Seiten und in mehreren Strähnen auf Schultern und Rücken fallenden Haar, über das ein kurzes Kopftuch gelegt ist und der in originalem Zustand von einer Krone abgeschlossen wurde, neigt sich mit jugendlich-anmutigem Gesichtsausdruck gegen das Kind vor. Jesus hat mit der linken Hand einen kleinen Vogel gegen den Schenkel gedrückt, dem er mit der anderen ehedem eine Traube zu picken gab.

Über die Schultern fällt der weite, unter beiden Armen leicht hochgeraffte und vor dem Körper in parallelen Tütenfalten herabsinkende Mantel. Seitlich bricht er sich in mulden- und dellenförmigen Dreiecksfalten, die bereits eine unverkennbare Härte, etwas Trockenheit und Schematismus zeigen. Unter den Werken Multschers, denen sie stilistisch nahesteht, ähnelt die Madonna am meisten dem Spätwerk, der Sterzinger Madonna, für die das Jahr 1457 das Vollendungsdatum angibt (vgl. M. Tripps, Hans Multscher, Anton H. Konrad Verlag, 1969, Abb. 177; s. aber auch die stehende Muttergottes in Reichenhofen, Pfarrkirche; ebda., Abb. 37, wegen der Lockenbildung der Haare Jesu, dann eine stehende Muttergottes aus Allgäuer Privatbesitz, ebda., Abb. 38, Haartyp Mariae; schließlich die Landsberger Muttergottes, ebda., Abb. 55 wegen des Motivs der rechten Hand, die den Gewandzipfel rafft sowie die Madonna aus Bihlafingen, heute im Städt. Museum Ulm, Abb. 88).

Soweit ist diese insgesamt vorzügliche Arbeit aus der Werkstatt Hans Multschers in die Zeit um 1465 zu datieren. Der Gesichtstyp verrät indessen, daß es sich um keine Ulmer Skulptur, sondern eher um eine am Rande des von Multschers Genius bestrahlten Einflußbereiches gefertigte Arbeit handelt.

HEILIGE KÜMMERNIS

98:53 cm
Öl auf Holz, um 1500
Inv. Nr. ÖAKD 2
I. Etage, Raum 14 (Abb. S. 47 links)

Dies Krölsche Votivbild zeigt den gekreuzigten, bekleideten Christus auf dem Altartisch in einer Kapelle, der einem spielenden Geiger einen Schuh zuschiebt. Es ist das bekannte

„Volto Santo-Bild“ von Lucca, in Verbindung mit der Kümmernislegende, die Anfang des 17. Jhs. erscheint. Nach dieser wurde die hl. Kümmernis, die sich, um eine ungewollte Heirat zu verhindern, einen Bart wachsen ließ, von ihrem erzürnten Vater durch Kreuzigung bestraft. Dabei soll sie einem armen Geiger einen ihrer goldenen Schuhe zugeworfen haben. In der Mitte über dem Lilienbogen des T-förmigen Kreuzstammes als Bekrönung halten drei Engel ein Spruchband. Rechts und links an der Stufe zum Altar knien Figuren des Stifters und der Stifterin, die nach den Spruchbändern und dem Wappen links zu dem schwäbischen Geschlecht Kröl von Grimmenstein gehören. In der Raumgestaltung und Auffassung der Figuren des bisher unbekannten Künstlers werden Verbindungen zur spätgotischen Malerei Augsburgs aus der Zeit 1495–1510 sichtbar, hier auch zur Buchmalerei, die um 1500 ihre Blütezeit erlebte.
Der breite, ornamentierte Rahmen stammt aus dem frühen 18. Jh.

PRIVILEGIENTAFEL MIT FARBIGER UMRAHMUNG

Pergament, 45:36 cm, ca. 1620
Inv. Nr. G.l.h.z. 8
Treppenhaus, zwischen I. und II. Etage

Es handelt sich um die Kopie eines Erlasses von Kaiser Karl V. aus dem Jahre 1551, welcher die Zunftherrschaft aufhob und das Stadtregiment in Lindau den Handelsherren, den „Sünfzen“ zurückgab.

„KINDERSPIELE“

handkolorierte Lithographie, 30:32 cm
um 1850
Inv. Nr. G. allg. 195
Treppenhaus, zwischen 1. und 2. OG.
(Farbabb. S. 48)

Reizender biedermeierlicher Bilderbogen mit vier Einzeldarstellungen kindlicher Spiele, wie sie zu jener Zeit stark verbreitet waren; verschiedene Kostproben sind im Treppenhaus des Museums aneinandergereiht, gleichsam als schrittweise Reise in die eigene Jugend.

HL. TOBIAS (?) MIT FISCH

68 cm hoch
Lindenholz, gefaßt, 1. Hälfte 18. Jh.
süddeutsch (?)
Inv. Nr. P 48
II. Etage, Raum 15

Der schreitende Jüngling mit dem Fisch unter dem Arm ist in eine Art Hirtengewand im Stil der Zeit gekleidet incl. kniehoher Stiefel mit Manschetten.

MARIENTOD

58:90 cm
Relief, Lindenholz
AEG (Aesaias Gruber) 1600

sign. und datiert
Inv. Nr. P 47; erworben 1963
II. Etage, Raum 15

Die Relieftafel wird ausgefüllt von den 12 Aposteln, die das Lager Mariae umstehen. Verschiedenste Zeichen innerer Anteilnahme sind durch Gesichtsausdruck, Gestik und Bewegung glaubhaft gemacht. Vorne kniet isoliert der abtrünnige Judas. Gottvater erscheint zentral im Hintergrund; er hebt die Seele Mariens in Gestalt eines gewickelten Säuglings (der übliche Typus!) zu sich in den Himmel.
Esaias Gruber d. J., als Sohn des aus Rorschach nach Lindau eingewanderten Architekten und Steinmetzen Esaias d. Ä. 1561 getauft, hat sich bald eine sehr beachtliche Stellung erarbeitet und kann nach der Zürndynastie und Hans Morinck als dritte Potenz der Bildhauer am See um 1600 angesehen werden. Leider ist sein Werk nur spärlich überkommen, von der Architektur

sogar nichts. In Hohenems/Vorarlberg ist er 1627 zuletzt in einem Werk faßbar. Der „Marientod" ist ein Glanzstück.

AUFERSTEHUNG CHRISTI

Relief 76:71 cm; Stein
Mittelteil des Zeissischen Grabmals vom Friedhof Lindau-Aeschach, 1964 überführt
Esaias Gruber d. J., 1595
Inv. Nr. P 49
II. Etage, Raum 16

Sign. in Ligatur AEG (= Aesaias Gruber) und datiert 1595. Um die Gestalt des Auferstandenen mit der Fahne des Heiles sind drei römische Legionäre in unterschiedlichen Bewegungen und Reaktionen gruppiert. Typisch für Gruber sind die Gesichtsbildung, die lebhafte Körperbewegung und die seltsam geformten Wolkengloriolen. Die nach dem Original gefertigte Architekturrahmung im Renaissancestil stammt von J. Lorch, 1964.

BILDNIS EINES BAUMEISTERS

Mittelteil des Gruberschen Grabmals
Höhe 110 cm, Breite 100 cm
Stein, um 1630
Inv. Nr. P 50
seit 1964 im Museum, vorher im Aeschacher Friedhof
II. Etage, Raum 16

Skulptur des Architekten Esaias Gruber d. J. mit Maßstock und Zirkel, ganz à la mode gekleidet mit Halskrause, Radmantel und Kniehosen. Das Gesicht umrahmt lockiges Haar, ein breitgeschwungener Schnurr- und ein Spitzbart. Die fast freiplastisch gesehene Figur ist auf die Farben Schwarz, Weiß und Bräunlich gestimmt. Sie steht vor einer Arkade, deren Füllung mit sparsamen Blatt- und Schneckenornamenten in Flachrelief geschmückt ist.

ANSICHT DES MARKTPLATZES IN LINDAU

kol. Kupferstich, 32:46,5 cm
2. Hälfte 18. Jh.
Entwurf A. Gmeinder, gestochen A. Pfauz
Inv. Nr. G.l.e.a. 16
II. Etage, Raum 16 (Fensterwand)

Vom „Haus zum Baumgarten" aus gesehen und perspektivisch wie in allen baulichen Einzelheiten sehr frei arrangiert ist der Marktplatz in Lindau dargestellt. Scharf links angeschnitten die Stephanskirche, sodann die noch heute stehende Linde, die „verfremdete" Stiftskirche, davor die Hauptwache (Gasthof „Stift"), schließlich rechts der „Cavazzen", noch ohne sein „barockes" Hauptportal. Eine figürliche Staffage belebt Vorder- und Mittelgrund.

TRUHENSCHRANK

257:195:65 cm
deutscher Nußbaum
Schwaben (Augsburg?), letztes Viertel 17. Jh.
Inv. Nr. Möb. A 19
II. Etage, Raum 16 (Farbabb. S. 50)

Feinst geschnitztes Akanthusblattwerk und aufgedoppelte, im Rahmen profilierte Füllungen, auch die Verwendung des deutschen Nußbaumholzes und die feuervergoldeten Fischweibchentürgriffe weisen diesen architektonisch reich gegliederten Truhenschrank ins letzte Viertel des 17. Jhs. nach Schwaben (Augsburg?) (vgl. H. Kreisel I, S. 236, 238,

Abb. 515, 517, 520, 523): Eingespannt zwischen hohem Sockel, breitem Gurtenfries mit Schubladen und kräftigem Kranzgesims rahmen 16 gewundene Säulen die Rundbogenfenster- und -nischen. Zwei gewundene Säulen zeigen die Mittelachse an. Die gewundene Säule ist im letzten Viertel des 17. Jhs. Leitmotiv an vielen in Süddeutschland, Schwaben und Franken hergestellten Schränken; viele von ihnen sind mit dem „güt“ Zeichen versehene Meisterstücke. Möbelgeschichtlich betrachtet ist ein solcher Truhenschrank in dieser Zeit jedoch eher altertümlich.

KACHELOFEN

Höhe 183 cm
Unterteil spätes 17., Aufsatz spätes 18. Jh.
Inv. Nr. O 2
II. Etage, Raum 18

Die großen Kacheln des Leibes tragen plastischen Figurenschmuck wie einen Sämann, Hirten oder Gärtner und gehören ins 17. Jh. Der Aufsatz zeigt Schäferinnen, eine junge Mutter mit Kind u. a. Szenen in Flachrelief. Die Platten sind ganz offenkundig Schöpfungen des späten 18. Jhs. (im Eckzimmer der Wechselausstellungsräume).

JUGENDSTILZIMMER, um 1900
II. Etage, Raum 21

Nach Worten von Georg Hirth, dem Begründer der Zeitschrift „Jugend" im Jahre 1896, sollten Behaglichkeit, Einfachheit, Stoffgerechtigkeit die Möbelform bestimmen und das Möbel wieder funktionsgerecht, praktisch und bequem sein. Angewidert von dem überladenen Stil des Historismus des 19. Jhs. suchte man nach schmuckloser Schlichtheit, nach der reinen Konstruktion. Flächigkeit und Zweidimensionalität werden angestrebt.

SITZGARNITUR MIT SOFA-UMBAU

222:223:29 cm
Mahagoni furniert, Samt
Inv. Nr. Möb. C 209 a–d

Typisch für den Jugendstil sind die nach oben verlagerten Proportionen, an diesem Möbel die auffallend schmächtigen Vitrinenschränke in Relation zu dem mächtigen Spiegelaufbau: Kontraste, die Bewegung nach oben auslösen. Kleine getriebene und vergoldete Metallappliquen sind an den Punkten angebracht, an denen Bewegung wieder „abgefangen" wird. Sie setzen zudem Akzente in der Fläche. Ihre aus „langen Wellenlinien" geformten Rosenblätter, die in einer Ecke von mehreren Kugeln gehalten werden, sind unverwechselbarer Jugendstildekor. Die für den Jugendstil typische „kurze Kurve" (eine abgebrochene Bewegung) ist in dem Glaseinsatz der Vitrinen und in abgeschwächter Form in der Verstrebung des Spiegelaufsatzes mit dem Vitrinenanbau zu sehen. Die angestrebte Flächigkeit ist in den Vitrinentüren, die ohne Rahmen, ohne Profil, ohne Füllung hergestellt sind, sowie in der Verwendung möglichst dünner Bretter für Deckplatten und Ablagen verwirklicht.

VITRINENSCHRANK

183:90:42 cm
Nußbaum furniert
Inv. Nr. Möb. A 20

Dieser Schrank ist eine verkleinerte Wiederholung des Sofaumbaues. Deutlicher erscheinen die Proportionen nach oben verlagert: Auf hohen, dünnen Beinen erheben sich schmucklose, offene Vitrinen, welche zu dem Spiegelaufbau mit seitlichen Streben überleiten. Auch hier nur Flächigkeit, dünne Bretter, die „kurze Kurve" (in den unteren Appliquen der Glasvitrine), sparsame Profile. Dabei erinnern die facettierten Gläser wie die Anwendung von Metallappliquen an den Klassizismus: Aber auch das ist eine Wesensart des Jugendstils.

BLUMENSTÄNDER

109:30:30 cm
Mahagoni, massiv
Inv. Nr. Möb. J 201

In diesem Möbel ist die Konstruktion als Stilprinzip sichtbar gemacht: Das Möbel scheint weitgehend schwerelos. Deutlich ist wiederum die nach oben verlagerte Betonung des Möbels, wobei die flächige Ansicht gewahrt bleibt: Flache Vierkantstäbe vergittern den unteren Einsatz (Abstellplatte).

SCHREIBPULT

135:42:29 cm
Ahorn (?) gebeizt
Inv. Nr. Möb. C 204

Wie der Sofaumbau, der Vitrinenschrank und der Blumenständer besitzt das Stehpult die nach oben verschobenen Proportionen, zeigt es Schlichtheit und Flächigkeit; offensichtlich ist die reine Konstruktion. Seine in der Höhe der Schreibfläche einschwingenden Seitenwände sind reine Jugendstil-Linien; die dekorative, sachliche Darstellung der in Relief geschnitzten, lachsroten Rosen und braunen Blätter vor schwarzem Grund sind typischer Jugendstildekor.

ZWEITEILIGER OFENSCHIRM

135:59 cm, 139:46,5 cm
Ahorn (?) gebeizt
Inv. Nr. Möb. H 200

Der Ofenschirm wurde in derselben Werkstatt wie das Stehpult hergestellt. Die „lange Wellenlinie", welche die Schirmfläche in unregelmäßige Felder aufteilt, bestimmt den rein dekorativen Eindruck, der, ein Charakteristikum des

Jugendstils, vor allem von Gemälden und Gegenständen der Kleinkunst ausgeht. Entsprechend wirken auch die dargestellten Rosen und die wenig differenzierte, in trüben Farben gemalte Landschaft.

FRÜHLING

71:105 cm
Öl auf Leinwand, dat. 1906
Franz von Stuck
Leihgabe Architekt Schindler, Lindau-Aeschach
Inv. Nr. ÖADK 47
II. Etage, Raum 21 (Farbabb. unten)

Allegorie auf den Frühling mit fünf Halbfiguren junger Menschen – signiert und 1906 dat. (vgl. H. Voss 1973, Nr. 306/220) – von Franz von Stuck, der wegen seiner mystisch-symbolischen Darstellungen, u. a. der „Sünde", zu Beginn des 20. Jhs. berühmt wurde. Das Gemälde gehört der Epoche Stucks an, als sich dieser vom Naturalismus und Pleinairismus durch Stilisierung abkehrt, die menschliche Figur nun völlig in den Vordergrund rückt und Landschaften für ihn weitgehend uninteressant sind.

Aus wenigen Elementen setzt sich die Komposition zusammen: Vor einem völlig unräumlichen Hintergrund wirken die großen Figuren trotz ihrer Bewegung statuarisch, alles wird einem flächig dekorativem Ordnungsschema unterworfen. In der vorbereitenden Studie (Voss Nr. 305/219) sind die Figuren bewegter und vor eine knapp angedeutete Hintergrundlandschaft mit Kentauren gestellt. Der Eierstab-Goldrahmen mit Titel und Jugendstilornament ist ursprünglich.

BILDNIS EINES MANNES MIT ALLON GEPERÜCKE

84:68 cm
Öl auf Leinwand um 1720
restauriert 1962
Inv. Nr. ÖPKD 40
II. Etage, Raum 22

Halbfigur in Ovalform von der Seite gesehen in Staatsrock. Die zarten Farben des beginnenden Rokokos – Gold-gelb, Bräunlich-grau und Weiß erlauben eine Datierung um 1720.

KONSOLTISCH

80:69:41 cm
2. Hälfte 18. Jh.
Linde, gefaßt
Inv. Nr. Möb. C 1
II. Etage, Raum 22

Nachdem der Wandtisch, der weitgehend auf die Innenarchitektur abgestimmt gewesen war, im 18. Jh. in die Wandgestaltung und Vertäfelung einbezogen wurde, konzipierte man den Konsoltisch auf 2 Beinen oder einer stark gebogenen Stütze. Die Fassung war meist golden oder gold-weiß. Dieser kleine Konsoltisch ist ein bescheidenes Beispiel in der Reihe der üppig dekorierten, geschwungenen und ausladenden Rokoko-Konsoltische seiner Zeit.

SITZBANK-TRUHE

66:110:62 cm
Fichte und Lindenholz, gefaßt
Inv. Nr. Möb. B 6
II. Etage, Raum 22

Diese niedrige, halbkreisförmige Sitzbank-Truhe mit wellig geschwungener Rücklehne steht auf 4 fußähnlichen Enden der reich in Rocaille geschnitzten und ursprünglich vergoldeten Fußleiste. Mit Rocaille-Ecken versehene Felder, deren mittleres als Türe für einen dahinter liegenden Abstellraum ausgebildet ist, gliedern den runden Rücken dieser originellen Sitzbank. Gelb-rote, resp. grünliche Marmorierung in Kreidegrundtechnik (Kirchenmalerei) verleihen ihr den Anstrich eines wertvollen Möbels.

AUFSATZ-SCHREIBKOMMODE oder
TABERNAKEL-AUFSATZSEKRETÄR

190:105:55 cm
Fichte mit Nußbaum furniert
Ansbach (?), um 1780
Inv. Nr. Möb. B 241
II. Etage, Raum 23 (Flur)

Im Aufsatzsekretär ist das Schreibpult dem kommoden- oder schrankartigen Unterbau aufgesetzt, d. h. es bildet mit diesem keine konstruktive Einheit. Tabernakel heißt der Aufsatz mit der von kleinen Schubladen umgebenen Mitteltür.
Die außergewöhnliche Kunstschreinerarbeit beruht ebenso in der eleganten Schweifung der Fassade, die im Aufsatz, auch die kleinen Schubladen einbeziehend, in kürzeren Rhythmen ein- und ausschwingt wie in der Kommode, so daß die Mittelachse über der konkav eingezogenen Kommode ein konvex geschweiftes Tabernakel bildet, und auch in der gekonnten Furnierung des Möbels. Neben den aus schmalen, hellen Bändern gebildeten, rechteckigen Feldern, die mit parkettierten Rändern versehen sind, wird bildhaft die Nußbaummaserung verwendet: Dem Zeitgeschmack entsprechend sind geraffte Vorhänge in dem Furnier der Kommodenschubladen dargestellt. Zur Unterstützung der aufstrebenden Senkrechten werden die konkaven Teile der kleinen Schubladen im Tabernakel dunkel furniert, die Vertiefung betont. Von sehr guter Qualität ist auch die Beschlagzier. Für den Zopfstil typisch sind die mit Gladiatorenköpfen versehenen Medaillons, die mit der Zirbelnuß bekrönten Vasen, gebundene Schleifen, mit Lorbeer geschmückte Ringe, Rosetten und die gerafften Vorhänge der Schubladenfurnierung.
Das Möbel stammt aus einer Hofbeamtenfamilie des Markgrafen von Ansbach.

SCHRANNENPLATZ MIT PETERSKIRCHE UND DIEBSTURM

28,6:33,4 cm
Lithographie vor 1861
gez. von M. Neher, gedr. von J. B. Kuhn
Inv. Nr. G. l. e. a. 85
II. Etage, Flur (Plan Nr. 23)

Diese vor 1861, dem Jahr des Abbruchs der als Getreideschuppen dienenden Closmen (Pflege-Gebäude), entstandene Lithographie ist im einzelnen exakt und präzis, in der Komposition eine freie Erfindung. Bei diesem von Südosten genommenen Motiv müßte der Diebsturm links der Peterskirche erscheinen, und der unmittelbar an das Gemäuer hinreichende See mit der Hügelsilhouette ist gleichfalls der künstlerischen Freiheit zuzuschreiben. Man erkennt daraus, wie vorsichtig man als Lokalforscher mit scheinbar präzisen Bildquellen umzugehen hat.
Der künstlerische Wert des Blattes ist hoch.

ÄLTESTES STADTBILD DER REICHSSTADT LINDAU

106:460 cm
Öl auf Leinwand mit Pergament, dat. 1579
Inv. Nr. ÖLLD 6
II. Etage, Flur (Raum 23; Ausschnitt: Farbabb. unten)

Dieses größte und älteste Gemälde einer Gesamtansicht der Freien Reichsstadt Lindau aus dem 16. Jh. – es gibt mehrere frühere Teil- und Gesamtansichten auf Gemälden und graphischen Blättern – ist nach dem Prinzip eines Vogelschaupanoramas entstanden, d. h. nicht als Vedute, wie der Wanderer sie sieht, auch nicht als Plan, wie ihn der Landvermesser aufnimmt, sondern aus mäßiger Höhe eines fliegenden Vogels, um möglichst viel von der Lage der Insel in der sie umgebenden Landschaft mit Wasser und Bergen im Hintergrund und nahegelegenem Festland wiederzugeben.
Dies fast fünf Meter breite Lindauer Leinwandbild – dessen allerdings sehr nachgedunkelte Farbigkeit tiefes Rot und Braungrün im Stadtbild, dunkles Grün in der Landschaft zeigt – vermittelt uns heute eine eindrucksvolle Vorstellung vom gesamten Aussehen der Stadt in der Spätzeit des 16. Jhs.
Das Stadtgelände selbst nimmt die weitaus größere rechte Bildhälfte ein, dahinter sind der See und das Schweizer Ufer sichtbar, am linken Rand Aeschach und Reutin.

Während die Perspektive der umgebenden Landschaft ganz verzeichnet ist, erscheint uns das Stadtbild selbst topographisch sehr genau, es ist in allen Einzelheiten vorzüglich zu erkennen. Wie weit diese Wiedergabe als historische Quelle angesehen werden darf, muß leider offen bleiben, da zwei Drittel der Bildfläche 1929 bei dem Rathausbrand bis zur Unkenntlichkeit versengt, erst 1950 restauriert und nach den auf der verkohlten Pergamentfläche vorhandenen Konturen angeblich getreulich in der ursprünglichen Farbtechnik wiederhergestellt worden sind. Vom oberen Bildrand herabhängend 40 Wappen und Hausmarken von Lindauer Bürgern. Rechts oben ist das Gemälde mit „Anthoni Remm" bezeichnet, den wir als den Stifter ansehen.

Als ganzes betrachtet zeigt der alte Lindauer Stadtgrundriß eine große Übersichtlichkeit und sorgfältige Unterteilung von Verkehrsstraßen, Wohngassen und Aufteilungswegen. Aus dem Wasser hebt sich die mit vielen Wehrtürmen und Schießscharten versehene Stadtmauer, die die dem Festland naheliegende Nord-Ost-West-Seite der Insel schützte und ihrem wesentlichen Aussehen nach auf die Erneuerungen im 16. Jh. zurückgeht. Westlich des heutigen Pulverturms liegt die hintere Insel, wo die Lindauer, abgetrennt durch einen Kanal, ihre Weingärten und einzelne kleine Häuser liegen hatten.

Das südliche Ufer war durch den offenen See und die abweisenden Häusermauern geschützt. Von dem reichen Handel zwischen den angrenzenden Ländern zeugen die unter frischer Brise aufgeblähten Segel der mit Fracht beladenen Lädinen. Zwischen den zahlreichen Wehrtürmen ragen der Turm der Peterskirche im Westen, der ältesten kleineren Kirche, daneben der Diebsturm, im Osten die Türme der Stiftskirche, der sich das um 800 gegr. Damenstift anschließt, und der Turm der Stephanskirche auf. Hinter beiden das Barfüßerkloster, rechts davon, südlich vorgelagert, das kleine durch einen Steg mit Lindau verbundene Inselchen, die heutige Römerschanze, damals Burg genannt, mit der Jakobskapelle.

Rechts am Hafen der Mangturm, der alte Leuchtturm der Stadt. Der bedeutende Handel Lindaus hatte die Errichtung verschiedener Lagerhäuser zur Folge: Hinter der Südseite des Rathauses beim Fischmarkt das Grödhaus, Weinhaus und Schmalzhaus, in der Nähe das Salzhaus, des weiteren Korn- und Tuchhaus. Acht Zunfthäuser und zwei Zeughäuser waren in Lindau zu finden.

Seit 1510 befand sich auch der Friedhof in Aeschach, der Platz zwischen den Kirchen wurde Obstmarkt.

BLICK IN LINDAUS HINTERE FISCHERGASSE

64:49 cm
Öl auf Leinwand, dat. 1928
Rudolf Wacker
Inv. Nr. ÖLLD 36
II. Etage, Raum 23 (Flur)

Mit diesem Gemälde Wackers (1893–1939 Bregenz) befinden wir uns in der Malerei des 20. Jhs. Es gehört an den Anfang seiner um 1926 einsetzenden Ölmalerei und gleichzeitiger Hinwendung zum „Magischen Realismus", der eine Variante der Stilrichtung der „Neuen Sachlichkeit" ist. In ihr fließen verschiedene realistische Tendenzen der Malerei in den 20er und 30er Jahren zusammen; deren bedeutendster Vertreter in Österreich ist Wacker. Zugleich kann man in ihm den besten Maler Vorarlbergs aus der 1. H. des 20. Jhs. sehen. Seine Landschaften, hauptsächlich vom Bodensee, Interieurs, Stilleben und Porträts stellen Wirklichkeit dar und liegen doch jenseits von ihr. Alles erfährt durch eine besondere Anordnung im Bilde eine oft ungewohnte Deutung.

DIVERSE GLÄSER DES 19. JHS.
VOM BIEDERMEIER BIS ZUM JUGENDSTIL

Apothekerfläschchen, deutsch, nach 1800
II. Etage, Raum 23 (Flur, Vitrine)

BLICK VON RICKENBACH MIT WEINBERG UND TORGGEL

62:84 cm
Öl auf Leinwand
um 1830
R. Wiedemann zugeschr.
Inv. Nr. ÖLLD 3
II. Etage, Raum 25

Man blickt auf das Ufergelände von Aeschach bis westlich zum Giebelbach und auf die Silhouette der Inselstadt Lindau, dahinter hell aufleuchtend die Weite des Sees mit den Bergen der Ostschweiz. Die ursprüngliche Farbigkeit müssen wir uns etwas heller denken.
Diese Ansicht ist einer weiteren, ,,Blick auf das Ufergelände von Aeschach" (III. Etage, Raum 36, für R. Wiedemann gesichert), in Komposition und Farbgebung sehr ähnlich, fügt sich auch seinen anderen Werken in diesem Raum gut ein und läßt sich daher als Arbeit Wiedemanns um 1830 bestimmen.

ANSICHT DES ALTEN LINDAUER HAFENS VON WESTEN

24:31 cm
Öl auf Holz um 1840
Inv. Nr. ÖLLD 7
II. Etage, Raum 25

Im Vordergrund erkennt man eine Uferpartie mit Kahn, dahinter das Hafengelände selbst mit dem alten Leuchtturm und den Ufergebäuden bis zur Binderzunft und zum Alten Gerichtshaus im Osten. Rechts daneben die hohe Mauer der Burg und die westliche Hafenmole. Im Hafen Segelschiffe und ein Dampfschiff, womit die Datierung des Bildes auf die Zeit nach 1837 gegeben ist.

ÜBERSCHWEMMUNG IM HUNDWEILER

69:55 cm
Öl auf Leinwand, dat. 1817
R. Wiedemann
Inv. Nr. ÖLLD 2
II. Etage, Raum 25 (links vom Fenster)

Im Vordergrund fährt eine hochrädrige Kutsche im Wasser, rechts daneben schwimmt ein mit Leuten besetzter Nachen. Das etwas höher gelegene Gelände rechts ist frei von den Wassermassen. Signatur und Datum 1817 rechts.

PORZELLANE, FAYENCEN UND GLÄSER AN DER WEST- UND NORDWAND

II.Etage, Raum 25

Bei der Einrichtung dieses Raumes zu musealen Zwecken 1929/30 entpuppte sich der eingebaute alte Küchenschrank nach seiner Restaurierung als ein schön dekoriertes barockes Möbel aus der Erbauungszeit des Cavazzen. In diesem Schrank ist bis heute die Fayencensammlung untergebracht. Auf der linken Seite stehen deutsche Fayencen des 17. und 18. Jhs. aus den Manufakturen Frankfurt a. M. und fränkischen Fabriken; Enghalskrüge, Birnkrüge und Walzenkrüge in Scharffeuerfarben und Blaumalerei aus Künersberg, Ansbach, Nürnberg, aus Thüringen und anderswoher. Auf der rechten Seite des Geschirrschrankes steht deutsches Steingut im Stil des engl. Wedgwoodgeschirrs, zumeist aus der 1. Hälfte des letzten Jahrhunderts mit farbigem Kupferstichüberdruck, etwa aus Schramberg, Witteburg, Hirschau, Bodenbach. In dem Gestell an der rechten Wand lagern die deutschen Porzellane des ausgehenden 18. und 19. Jhs., darunter Tettau, Limbach, Nymphenburg, sowie deutsche Gläser dieser Zeit aus Mittel- und Süddeutschland, ferner aus Böhmen.

KACHELOFEN

182 cm hoch, 111 cm Ø
bez. 1553, vermutl. Winterthurer Arbeit
Inv. Nr. O 1
II. Etage, Raum 25

Der runde Ofen wurde aus einem Rest weniger, meist blau bemalter Kacheln rekonstruiert. Er ruht auf drei hockenden Löwen als Füßen, besitzt ein vorkragendes Sockelgesims mit kleinem, blütenverziertem Fries zwischen kräftig profilierten Leisten mit blauen Ornamenten und wenigen gelben Füllungen. Der Ofenkörper ist durch vier senkrechte Bänder aus je drei hochrechteckigen Kacheln und ein in 1/3 der Gesamthöhe verlaufendes profiliertes Horizontalgesims in vier mal zwei Bildfelder unterteilt, von denen nur Fragmente erhalten blieben. Ein hohes, verkröpftes Gebälk aus blauen Ornamenten und einzelnen gelben Füllungen, das von sieben Reliefplatten mit Sirenen, die zwischen sich einen Schild haben, bekrönt wird, bildet den farblich, dekorativ und plastisch gestalteten Hauptakzent des relativ frühen Ofens

Winterthurer Provenienz. Von den Bildszenen sind gerade eine „Judith mit dem Haupt des Holofernes“ sowie die Schulter eines Kriegers zu erkennen.

EINSTURZ DER HÖLZERNEN LANDTORBRÜCKE

47:67 cm
Öl auf Leinwand, dat. 1817
R. Wiedemann zugeschr.
Inv. Nr. ÖHD 2
II. Etage, Raum 25

Am 16. Juli 1817 stürzte bei einem heftigen Weststurm innerhalb einer Viertelstunde die hölzerne Landtorbrücke ein.
Im Vordergrund rechts der Brückenkopf des Aeschacher Ufers mit Kasematten, Mauthaus und figürlicher Staffage, links davor und dahinter der in hohen, unruhig durcheinandertreibenden, schaumgekrönten Wellen gepeitschte See mit der losgerissenen und im Wasser treibenden nördlichen Hälfte der Brücke, auf der sich noch ein Mann befindet. Zu dessen Rettung fährt ein mit drei Leuten bemannter Kahn vom Aeschacher Ufer, von der Stadt her ein abgetakeltes Segelschiff ab.
Die Stadt selbst ist im Mittelgrund in allen Einzelheiten gut erkennbar, fast identisch mit der Gouache von R. und L. Wiedemann auf der gegenüberliegenden Wand dieses Raumes.

LINDAUER HAFEN, ANSICHT VON SÜDOSTEN

Aquarell, 36,4:53,5 cm
Richard Wiedemann, 1829 (sign. l. u.)
Inv. Nr. G. l. e. a. 170
II. Etage, Raum 25 (Farbabb. S. 58)

Blick von „der Burg“ (= Römerschanze) auf den alten Lindauer Hafen. Links die Wiebekingschen Molen, dahinter der See, die Hügel des Schweizer Ufers, darüber das Säntis-Mas-

siv. Die rechte Bildhälfte nimmt die Bodenseefront der Stadt ein, vom Fuchslochturm und Fuchslochbastion bis zum Revisionsgebäude. Eine sehr klare und präzise Wiedergabe der Stadt Lindau zur Biedermeierzeit mit einem ersten Dampfschiff vor dem Mangturm.

KACHELOFEN

63:77:81,5 cm
ca. 1650/1760
Inv. Nr. O 7
II. Etage, Raum 25

Rechteckiger, grün glasierter Kachelofen, im unteren Teil an die Wand angelehnt, durch einfache Wulstprofile in drei bzw. fünf „Etagen" unterteilt. Die Ränder sind mit einem profilierten Rahmen aus schmalen Kacheln akzentuiert. Die großen Kacheln zeigen ein reiches, kleinteiliges, wenig erhabenes Muster hellgrüner Blätter vor dunklerem Grund. In die Stirnseite ist eine eiserne Ofenplatte mit dem Doppeladler und der Jahreszahl 1760 eingelassen. Drei Platten mit Wappenschilden bekrönen den Ofenkörper. Stammt aus dem Torggel der Fam. Schielin, ehem. Schupp.

SÜDLICHES MEER II

Bleistiftzeichnung, 33,8:46,4 cm
sign. u. datiert: G. Muche 6. 12. 1975
angekauft 1978 von der Stadt Lindau (B), in der G. Muche seit 1960 lebt
II. Etage, Raum 26 (Abb. unten)

KACHELOFEN

193:80:80 cm
1860/70
Inv. Nr. O 10
II. Etage, Raum 27

Braun glasierte Ziegel mit breit geriefelten, liegenden Zickzackbändern, zwischen denen glatte Rautenfelder stehen bleiben. In etwa 2/3 der Höhe des Ofens läuft ein breites Mäanderornamentband um. – Füße nicht zugehörig.

ZINNGEFÄSS DER LINDAUER BÄCKERZUNFT

bez. 1684
Höhe 53 cm, Ø 25 cm
Inv. Nr. Z 90
II. Etage, Raum 27

Diese achteckige Bäckertrinkkanne diente dem Ausschank von Wein. Auf den vorderen drei Seiten des Körpers sind die geschworenen Meister der Bäckerzunft von 1684 eingraviert, darunter, auf die beiden Schrägseiten verteilt „ANNO 1684". Auf gleichfalls achteckigem Aufbau sitzt aufrecht ein Löwe, der mit den Vorderpranken einen ihn bis zum Kopf verbergenden Schild hält, in welchen das Zunftzeichen der Bäcker (Löwen mit Brezel, Kringel, Bäkkerkrone) eingraviert ist. Trotz der im unteren Teil des Schildes eingeritzten Zahl 1684 ist der gesamte Aufbau (ebenso die Füße und die Henkel) eine Arbeit mehrerer Meister des 18. Jhs., während eine Marke des ersten Meisters vom ausgehenden 17. Jh. fehlt.

ZUNFTSTUBE MIT ZUNFTZEICHEN

II. Etage, Raum 27

Es ist kein Zimmer einer besonderen Zunft, sondern in diesem alten Lindauer Stübchen sind alle Erinnerungen an die früheren acht Zünfte zusammengefaßt. Eine Holzbalkendecke, ähnlich der im 1. Stock, wurde in den Raum eingebaut. Sie stammt aus einem Hause in der Krummgasse und datiert wohl ins 16. Jh.
Vor dem Fenster befindet sich eine 1,57 cm hohe Säule, wie man sie in vielen Häusern am Ort findet (vgl. dazu C. Spuler/W. Dobras, 1980, S. 17, s. Lit.-Verz.)
Butzenscheiben schließen den Raum gegen den Hof ab. An der Südwand hängen die für die Zunftstuben gedachten Zeichen der verschiedenen Gewerbe, u. a. der Küfer von 1829, der Faßbinder aus dem gleichen Jahr, der Weber von 1831, der Müller von 1856, der Zimmerleute von 1820, der Seiler von 1854, der Gerber von 1768 und 1849, der Schlosser von 1640 (renoviert 1855) und 1750. An der gegenüberliegenden Wand hängen einige Gesellenbriefe Lindauer Handwerker (Photo: der Bäckerzunft von 1807). Ein mächtiger Apothekermörser und eine Glocke künden vom Handwerk der sehr angesehenen Lindauer Stuck- und Glokkengießer (Fam. Ernst!). Die am Deckenbalken befestigte Glocke von 1496 hing ursprünglich am Brückentor, die darunter stammt von der Krellschen Friedhofskapelle, 1518 von Wenzel Laminger gegossen und mit Reliefs verziert.
Die Slg. besitzt 34 verschiedene Zunftsiegel, von denen die ältesten aus den Jahren 1661 und 1666 sind, das erste eines der Hutmacher.
Der mächtige Mitteltisch ist ein alter, spätgotischer Lindauer Tisch, der aus München zurückerworben wurde. Die Platte mißt 100:85 cm und ist 5,5 cm dick.

GESELLENBRIEF

Lindau, 1807
entworfen und gestochen von Joh. Conr. Mayr

Inv. Nr. G.l.h.z. 2a
II. Etage, Raum 27

Zunftbrief der Lindauer Bäckerzunft mit Ansicht der Inselstadt vom Hoyerberg aus, in einer reich dekorierten Rankenkartusche, die oben im Zentrum durch das Lindauer und das königl. Bayerische Wappen bekrönt ist. Allegorien von Handel und Gewerbe figurieren als Wappenhalter. Unter der Vedute dann der weitgehend vorgedruckte Text, der einem Gesellen als Ausweis für gastliche Aufnahme bei seiner beruflichen Wanderung dienen soll, nachdem ihm die einheimischen Meister alle Tugenden eines ehrsamen und fleißigen Mannes für seine Zeit in der Inselstadt attestiert haben.

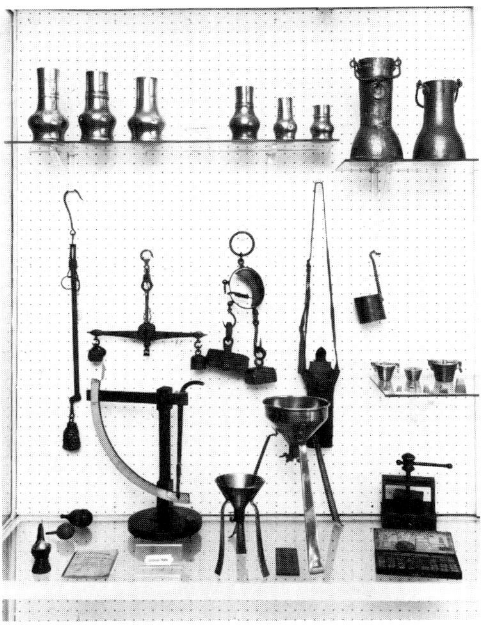

MASSE IN ZINN UND KUPFER

Inv. Nr. M 1–M 10 und Z 124–133
13–25 cm hoch. 18./19. Jh.
II. Etage, Raum 28

Lindauer Getränkemaße in Zinn trifft man noch häufig. Das älteste Maß der Sammlung ist ein halbes Viertel. Es ist 1681 geeicht. Außer zwei ganzen Sätzen von Zinneichmaßen besitzt die Slg. auch zwei kupferne Sätze aus den Jahren 1740–47. Nach Übernahme der Stadt durch das neu geschaffene Königreich Bayern mußten alle Gefäße auf die bayerischen Maße umgeeicht werden.

An Lindaus große Zeit im Getreidehandel, 2. Hälfte des 19. Jhs., erinnern Getreidewaagen. Sie dienten dazu, Gewicht und Wert der verschiedenen Getreidesorten an Hand einer Tabelle festzustellen. Goldwaagen sind in mehreren Stücken vertreten (2. Hälfte 18. Jh.). Zu jeder von ihnen gehört ein Dutzend verschiedener Gewichte, die das Gewicht der einheimischen und fremden Goldstücke angeben.

JUGENDLICHE PRINZESSIN

118:88 cm
Öl auf Leinwand um 1640
Inv. Nr. ÖPDK 43,
rest. 1963
II. Etage, Raum 28 (rechts an der Wand)

Lebensgroße Darstellung einer Prinzessin als junges Mädchen im höfischen Kostüm der 1. Hälfte des 17. Jhs. Auf dem Tisch – als Sinnbild der fürstlichen Abstammung – liegt eine diamantenbesetzte Krone. Gleichfalls ein Hoheitssymbol, ist über ihr ein Samtvorhang in schweren Falten drapiert. Links öffnet sich ein Fenster in eine vage Landschaft. Von dort ist ein kostbarer Vogel zugeflogen, der aus einem ihm entgegengehaltenen Zweig pickt.

TRUHE

66:178:70 cm
Fichtenholz mit Nußbaum, obere Platte und unteres Sockelband ergänzt
Inv. Nr. Möb. C 12
II. Etage, Raum 28

Die Truhe ist das älteste Kastenmöbel überhaupt; sie war neben Bett und Tisch das wichtigste Möbel im Hause; in ihr wurden Wäsche und Kleidung aufbewahrt. Diese einfache Zimmermannsarbeit zeigt, wie man die glatte Vorderwand mit profilierten Rahmen und Querstäben belegte und dadurch zwei große, rechteckige „Scheinfüllungen“ (Felder) entstanden. Zwei spiegelbildlich gleiche, perspektivisch verkürzte Stadtansichten wurden hier in der reinen oder „gestochenen“ Intarsie (eingelegter Werkstoff) dargestellt, d.h. dunkelbraunes Nußbaumholz in das helle Tannenholz eingelegt.

SCHEIBENBÜCHSEN,
Jagdgewehre,
Wallbüchsen,

Infanteriegewehre,
Pulverhorn und
Feldflasche
Inv. Nr. WP 1 ff
fast durchweg 19. Jh.
III. Etage, Raum 29 (Vitrine)

SCHIESS-SCHEIBE MIT ANSICHT DES LANDGUTES TOSCANA

Ø 86 cm
Öl auf Holz, dat. 1886
Inv. Nr. ÖAKD 28
III. Etage, Raum 29

Vom See her gesehen in dunklen, verhältnismäßig kräftigen Farben, Rot und Grün.
Im unteren Segment der Scheibe zu Seiten des Großherzoglich-Toskanischen Wappens die Inschrift: „Gewidmet den 15. August 1886 von seiner kaiserl. Hoheit Ferdinand IV. Großherzog von Toskana, der Schützengesellschaft Lindau zur Erinnerung an die 25-jährige Ehrenmitgliedschaft. Den besten Schützen: Arthur Gullmann."
Es ist die jüngste in unserer Sammlung befindliche Schützenscheibe.

SCHIESS-SCHEIBE MIT DEM AUS HELLAS ZURÜCKGEKEHRTEN OFFICIERS-CORPS

Ø 94 cm
Öl auf Holz, dat. 1834
Inv. Nr. ÖAKD 29
III. Etage, Raum 29

„Griechische" Landschaft in gelblich-grünen Farben mit einer für die romantische Landschaftsmalerei typischen Staffage – hier bayerische und griechische Soldaten – und hochaufragender Baum im Vordergrund. Darunter die Inschrift: „Das aus Hellas zurückgekehrte Officiers Corps des 11-ten Regiments den Bürgern von Lindau am 20. August 1834". Scheibe unbenutzt.

SCHLÜSSEL,

Schlösser, Türklopfer
vorwiegend 17./18. Jh.
Inv. Nr. MSch.2, 7, 11, 12, 14, 16, 17, 18, 20, 21, 22, 23, 24, 25, 30, 106 b
III. Etage, Raum 29 (Vitrine)

In der großen Vitrine an der Südwand des „Waffensaals" findet sich auch eine breite Kollektion eisener Schlüssel, Schlösser, Klopfer, Scharniere u. ä. gefertigt für den täglichen Gebrauch, nicht etwa für Sammler.

SCHIESS-SCHEIBE MIT DEM NEUEN SCHIESS-STAND AM BURGSTEG

Ø 122 cm
Öl auf Holz, dat. 1812
Inv. Nr. ÖAKD 26
III. Etage, Raum 29

Diese Scheibe unterrichtet über das Aussehen des neuen Schieß-Standes auf dem Steg, der die Insel Lindau mit dem kleinen damals vorgelagerten Inselchen, mit der Jakobskapelle, verband (= Römerschanze). Vom Stand aus schießen die Schützen auf die Scheiben; die hier gestiftete wird gerade von zwei Schützen im Wasser aufgestellt. Zur Erinnerung an die 1810 neu errichteten Stände wurde sie von den drei Schützenmeistern 1812 gestiftet.

SCHIESS-SCHEIBE MIT LINDAUER REITENDEM BOTEN

Ø 88 cm
Öl auf Holz, 1801
Inv. Nr. ÖAKD 25
III. Etage, Raum 29

Diese älteste von insgesamt fünf Schieß-Scheiben unserer Slg. zeigt den Lindauer „Reitenden Boten", der zwischen Augsburg und Mailand verkehrte. Dargestellt ist der kaiserl. Reichsposthalter in Lindau, Johann Friedrich Zagelmeier, Kronenwirt, der im Jahr 1800 die Stallmeisterei übernahm und bis 1842 innehatte. Zum Andenken daran stiftete der Dargestellte diese Scheibe im Jahr 1801, wie dies aus dem Spruchband oben und der Unterschrift zu ersehen ist. Erst mit Beginn des Büchsenschießens seit dem 15. Jh. gibt es Scheiben – allerdings noch unbemalt –, seit dem 17. Jh. bemalte man sie dann.

SCHIESS-SCHEIBE MIT HAFENPARTIE VON LINDAU

Ø 92 cm
Öl auf Holz, 1853/54
Inv. Nr. ÖAKD 27
III. Etage, Raum 29

Auf der unbenutzten Scheibe ist der Hafen mit Mangturm, Bayerischem Hof, links die Güterhalle des alten Bahnhofs, vorn ein Dampfschiff dargestellt. Der Schützengesellschaft gewidmet von Wilhelm Späth, Poststallmeister. Fest datierbar auf 1853/54. Genaue und künstlerisch interessante Schilderung eines Teiles der Stadt Lindau.
In diesem Raum ist weiter hinzuweisen auf zwei Turmuhren (aus der Stiftskirche von 1751 und der Pfarrkirche in Lindau-Unterreitnau, gleichfalls aus dem 18. Jh.), auf eine sehr schöne, spätgotische, z. T. in der Inschrift auch deutlich durch die Renaissance geprägte Glocke, die von der Krellschen Kapelle in Lindau-Aeschach stammt und 1518 von Wenzel Laminger gegossen wurde, wie ebda. zu lesen, sowie auf verschiedene königlich-bayerische Waffen und Uniformstücke in zwei Vitrinen an der Ostseite.

Darüber:

SCHÜTZENTAFEL

53:324 cm
Öl auf Holz, dat. 1579
Inv. Nr. ÖAKD 39

Diese Schützentafel stellt die männlichen und weiblichen Mitglieder der Familie Xell dar, die alle mit Vor- und Zunamen gekennzeichnet sind. Individuelle Charakterisierung ist, wie bei einer solchen handwerklichen Arbeit nicht anders zu erwarten, nicht gegeben. Interessant ist das Gemälde wegen der Rückschlüsse auf Mode, städtisches und ländliches Leben des Lindauer Bürgers Ende des 16. Jhs. Über- und aneinandergereihte Darstellungen in mehreren schwarz umrandeten Bildfeldern auf verschiedenen Bildebenen: oben die neun männlichen Familienmitglieder einzeln beim Schießscheibenschießen in zinnoberroter Kleidung, einer Farbe, die sich oft auch noch im Rock der gegenüberstehenden, kleineren Frauengestalt wiederholt. Zwischen beiden jeweils die verschiedenen Hausmarken, an denen die Dargestellten zugleich mit den beigegebenen Monogrammen zu identifizieren sind. Die steinerne Brüstung und verschieden variierte Landschaftsszenerien schließen die obere Hälfte der Tafel ab. Das linke untere Breitfeld zeigt zu beiden Seiten eines Wappens die Mitglieder der Familie Lenncz Xell. Die rechte Bildhälfte gibt eine ländliche Tafelszene auf einem Bauernhof und zwei anfahrende zweirädrige Karren wieder. Im Gutshof selbst sitzen um einen runden Tisch männliche Personen bei Wein und Backwerk, dicht dabei rechts eine sich entwickelnde rätselhafte Henkerszene, deren Erklärung wohl ursprünglich in der Beschriftung der darüber angebrachten Tafel lag, die aber leider bis zur Unleserlichkeit abgeblättert ist.

OFENKACHELN

sign. (Inv. Nr.) OE
III. Etage, Raum 30

Einzelne Kacheln und Ofenfragmente der verschiedensten Provinienzen und mehrerer Jahr-

hunderte sind unter dem Dach in diesem Raum versammelt. Hervorragend in der Qualität sind drei Platten, die in einen Vorsprung der Eingangswand übereinander eingelassen sind. Sie gehören (mit weiteren drei) zu einem Ofen aus dem Alten Rathaus auf der Insel, der um das Jahr 1650 entstanden sein wird (Im 1. Museumskatalog von Gröber/Jordan, 1932, ist auf Abb. 53 noch der architektonische Zshg. zu erkennen. Leider hat man offenbar später die Kacheln auseinandergenommen und einzeln vermauert.).

BACKMODELN

III. Etage, Raum 30

Reich ist das Lindauer Museum an Backmodeln. Die Sammlung zählt ungefähr 100 Stück, manche davon sind in Holz geschnitten, sehr viele in Terrakotta gepreßt, einige in Lehm gebrannt und nur ganz wenige in Gips gegossen. Auf einigen Holzmodeln hat sich der Formenschneider verewigt, so auf einer ABC-Tafel aus dem Jahre 1661 mit HW und einem radähnlichen Beidruck. Die frommen Model sind etwas anspruchsvoller in der Größe, die hölzernen unter ihnen beiderseits geschnitten zur besseren Ausnutzung des kostbaren Materials. Meist stellen die Model Bischöfe (Nikolaus), Klosterfrauen, Ritter und Ritterfrauen, Spinnerinnen, Musikanten, Bäuerinnen u. dgl. dar. Zahlreich sind auch die Tierdarstellungen, die größtenteils Ende des 17. und 18. Jhs. entstanden sind.

BAUERNSCHRANK

195:156:45 cm
Fichtenholz übermalt, im Vasenaufsatz fehlen zwei Einsteckteile (Schleifenenden)
Oberschwaben, um 1800
Inv. Nr. Möb. M 11
III. Etage, Raum 30 (links an der Wand)

Dieser gebauchte, oberschwäbische Bauernschrank aus der Zopfzeit (Vorhänge, gebundene Schleifen, Zopfstilvasen, Rosetten, Stabornamentik sind typisch für diesen Stil) weist die den schwäbischen Bauernmöbeln eigene Verbindung von Möbelmalerei und Schnitzereizierart ebenso wie die bewahrende Neigung zu älteren Stilelementen (Flecht- und Schuppenbändern) auf (G. Ritz, Schnitzerei, S. 118). Anhand der vorhandenen Farbspuren sind der Grund und die Türfüllungen hellgrün, die Medaillons weißgrundig mit kleiner roter und grüner Füllungsmalerei; vielleicht war auch noch Blau (Farbreste an den Scharnieren) verwendet worden. Analog zu vielen oberschwäbischen Schränken sind auch an diesem Schrank die Stirnseiten (rechts und links außen) in Felder aufgeteilt, deren Größe Bezug nimmt sowohl auf die Gliederung der Schranktüren wie auf die der abgeschrägten Ecken. Da sehr häufig dieselbe Ornamentik an diesen Schrankteilen, in geschnitzter und gemalter Form, nebeneinander dargestellt wird, ist es denkbar, daß die gemalten Felder dieses Schrankes ursprünglich auch mit gemalten Schuppenbändern gefüllt waren.

BAUERNTRUHE

200:61:65 cm
Fichtenholz, Ölmalerei, Sockel fehlt
Vorderwand: Intarsien, gefirnister Grund
Vorarlberg (?), 1609, 1767
Inv. Nr. Möb. M 13
III. Etage, Raum 30 (rechts unter den Uhren)

Beim Besitzerwechsel im Jahre 1767 wurde diese Truhe umgestaltet. Das geht aus dem Zu-

stand vor der Restaurierung hervor: Damals waren die beiden äußeren Felder der Vorderwand mit grau bis schwarz gemalten Ranken entsprechend den Ranken auf dem Truhendekkel bemalt, die beiden mittleren Felder mit je einer Taube und den Namen Hans Kessler 1609 (linkes Feld) und Thomas Leuw 1767 (rechtes Feld) versehen gewesen. Der freigelegte Zustand zeigt dagegen, daß die Vorderwand aus dem Jahre 1609 stammt, die anderen drei Truhenwände und der Truhendeckel aus dem Jahre 1767.
Typisch für die süddeutsche Truhe ist der getrennt gearbeitete Sockel, der hier fehlt. Die freigelegten Intarsien geben auf volkstümliche Weise primitivierte und in der stilistischen Ausdrucksform reduzierte Arkaden (Bögen!) und geometrisierende Felderaufteilungen wieder. Die Darstellung der Tiere und Pflanzen ist sehr stilisiert (wohl Pflanzensprosse in den Tierpranken). Besonders interessant und alpenländisch ist die vielfache Einführung von Tieren in heraldischer Haltung: Gegenständige Löwen und Steinböcke (vgl. geschnitzte Truhen aus Graubünden).

MODELL EINES SEGELSCHIFFS (LÄDINE)

76:70 cm, 19. Jh.
Inv. Nr. Mdl. 9
III. Etage, Raum 31

Das große braune Segelschiff mit durchgehendem Deck über einem Laderaum war für die Lastenbeförderung bestimmt. Das Steuer befindet sich seitlich.

MODELL EINES SEGELSCHIFFES (LÄDINE)

96:108 cm, 19. Jh.
Inv. Nr. Mdl. 10
III. Etage, Raum 31

Schwarz gestrichenes Segelschiff mit weißem, rechteckigem Segel mit appliziertem senkrechtem blauem Mittelstreifen an hohem Mast. Der Laderaum des Schiffes ist mit Holzplanken in verschiedener Höhe verdeckt; in der Mitte liegt es niedrig, an Steuer- und Backbord höher. Die gestufte Verdeckung ergibt Sitzgelegenheiten für die Ruderer. Auf der Steuerbordseite findet sich eine quadratische Öffnung im Verdeck, die mit einer Holztür mit Griff verschlossen war.

HINTERGLASBILD MIT SEEGESTADE UND KAHN

auf Bauernschrank (s. unten) genagelt
18,1:25 cm
Öl auf Glas
nach 1800
Inv. Nr. V. h. g. g. 34 b
III. Etage, Raum 32

Ein Seegestade mit Fischer in einem Kahn, das Netz auswerfend; daneben Frau mit Kind. Auf der Seefläche Segelboot, zu beiden Seiten am Rand Felsenkliffe; rechts im Hintergrund die groß und strahlend aufgehende Sonne. Hellblauer Himmel mit feuerroten Wolken am oberen Rand.
Ehemals in unserer Sammlung befindlich und zu diesem Bild gehörend eine ,,Flußlandschaft mit vier männlichen Figuren und Hütten". (V. h. g. g. 34 a, gestohlen). Im Gegensatz zu den Hinterglasmalereien im 1. Stock, Raum 6 fällt die intensive Buntheit der Farbgebung, der verhältnismäßig dunkle Gesamtcharakter, das Hervortreten der Zeichnung und die horizontale Schichtung des Bildaufbaus im Gegensatz zu der diagonalen Tiefenstaffelung der anderen Glasbilder auf und weist auf eine spätere Entstehung dieses Werkes, nach 1800, hin. Gute Ausführung.

BAUERNSCHRANK

191,5:156:50 cm
Fichtenholz, Ölmalerei
Allgäu, 1801
Inv. Nr. Möb. M 3
III. Etage, Raum 32

Typisch für den Allgäuer Bauernschrank sind die behäbige Form mit langgezogenem Gesimsbogen, die gedoppelten Türfüllungen, welche mit einem Viertelstab abgeschlossen sind, der lachsrote Grund, die breiten blauen, mit roten Leisten bildhaft abgesetzten weißen Türfüllungen, die mit übergroßen Händen auf Sockeln postierten, rotbackigen Heiligenfiguren. Malerisch empfunden sind die kleinen Blumensträuße, die pflanzlich undifferenzierten Ranken, die Blumenvasen, aus denen namenlose Blumen „sprudeln". Die blaugrau-rot-grauweiße Marmorierung an Kranz- und Sockelgesims, an den abgeschrägten Ecken, Schlagleisten und Schubladenfeldern fassen die gemalte Auszier zusammen.
Die Heiligen werden in dieser Darstellung als Vermittler und Beschützer angesprochen: Die Madonna mit dem Kind und das Christuskind allein mit der Weltkugel in der Segensgebärde.

BAUERNBETT

200:147:95 cm
Fichtenholz, Ölmalerei;
Himmel und die 2 Pfosten am Fußende fehlen
Ostschweiz (?) 1812
Inv. Nr. Möb. M 7
III. Etage, Raum 32

Ursprünglich lag ein Himmel, der am Fußbrett von zwei schlanken und evtl. verzierten Pfosten getragen wurde, auf dem Kopfbrett auf (vgl. G. Ritz, 1943, S. 193). Typisch für den Biedermeierstil sind die Girlanden, Sträußchen, Streublumen, das Schnurwerk, die Licht- und Schatteneffekte, welche die Nischen durch Abschattierung glaubhaft machen und Flächen durch den Wechsel von Farbstreifen abwechselnd in Hell und Dunkel tauchen. Die Seitenbretter sind dabei immer einfacher als die Kopf- und Fußbretter dekoriert.
Nach der Ostschweiz (Appenzell) weisen die Farbigkeit (blauer Grundton mit blau-weiß-rot marmorierten Leisten, Profilen usw.), die Dekormotive wie Gehänge aus Perlketten oder „ähnlichem" Material, Schleifen mit Girlandenteilen, die Verwendung von noch immer barocken tektonischen Elementen und die präzise Ausdrucksform. Sogar die besondere Vasenform findet sich dort an einem Himmelbett von 1810 (Museum Herisau) und sehr ähnlich dargestellte Tulpen zeigt ein Wandkästchen von 1817 (Museum Herisau), das dem gleichen Künstler zugeschrieben wird. Vielleicht ist die in unserer Region außergewöhnliche, ausgeschnitzte Doppelarkade des Kopfbrettes auch in der Ostschweiz nachzuweisen? Das alte Heilszeichen der Wirbelrosette und das Symbol der Fruchtbarkeit, die mehrgliedrige Vase, aus welcher Blumen aufsteigen (Lebensbaummotiv) sollen den Besitzern Glück und Segen bringen.

BAUERNSCHRANK

180:137:49 cm
Fichtenholz, Kaseinmalerei mit Öllasur
Andon Daeg, Hoppingen, 1838
Inv. Nr. Möb. C 2
III. Etage, Raum 32

Die detaillierte Aufschrift mit dem Besitzernamen, dem Herkunftsort, der Jahreszahl der Hochzeit und die, wenn auch sehr klein und unbedeutend gemalte Blumenvase in den Türfeldern sind charakteristisch für die Möbelwerkstatt der Schreinerfamilie Spielberger aus Großorheim im südlichen Ries (Ldk. Donau-Ries), das dem Harburger Zunftbereich angehört (vgl. H. Müller, 1975, S. 112). Die Vorliebe für blaue und rote Farbkombinationen, die Darstellung von Granatäpfeln und Feuerlilien sowie die vier mit aufgenagelten Leisten gerahmten Türfelder hat sie mit den Werkstätten aus dem östlichen Ries (Schreinerzunft von Holzkirchen) gemeinsam. Oft ist die Zirkelschlagrosette resp. der Sechsstern, der als Heilszeichen die Schlösser behütet, zwischen den Türfeldern und neben den Schlössern dargestellt. Dagegen deutet die Reihung verschieden profilierter Kehlen und Stäbe an den abgeschrägten Ecken auf den Einfluß aus dem benachbarten mittelfränkischen Kistlerhandwerk hin.

Typisch für die Zeit ist die mangelnde Beziehung zwischen den Ornamentteilen und den motivlosen Teilen. Die mit mehrteiligen Leisten umgebenen Türfüllungen und abgeschrägten Ecken wirken trennend, die mit schwarzen Rändern umrissenen Blüten und Stengel aufgereiht und vereinzelt dargestellt.

BAUERNSCHRANK

174:172:53 cm
Fichtenholz, Kaseinmalerei mit Öllasur
Bregenzer Wald, um 1770
Kranzgesims fehlt, Marmorierung stark übermalt
Inv. Nr. Möb. M 2
III. Etage, Raum 33

In Anlehnung an die Kirchenarchitektur sollte die Marmorierung einem einfachen Fichtenholzmöbel ein kostbares Aussehen verleihen. Auch die als keulenförmig geschwellte Säule ausgebildete Schlagleiste, die mit ehemals vergoldeter Rocaille besetzt ist, lehnt sich an Altardekor an. Teile der ursprünglichen Marmorierung sind zwischen den Kartuschen am Säulenschaft vorhanden. Das Kammstrichmuster der Seitenwände ist original. Die Blumenvasen mit der Rocaille-Henkelform sind Zeichen für Lebens- und Wachstumskraft der Natur wie für Minne- und Hochzeit.

Für die Datierung um 1770 spricht auch die Darstellung der Herzen Christi und Mariae, die in der 2. Hälfte des 18. Jhs. stark zunahm.

SITZENDER ERBÄRMDECHRISTUS

59 cm hoch, Eichenholz; Reste der Bemalung erhalten
1. Hälfte 18. Jh. (?)
Inv. Nr. VP 1
III. Etage, Flur (= Raum 34)

Großer Teil des rechten Beines und rechter Arm neu. Starke Beschädigungen an Fingern und der Dornenkrone. Zapfloch in der Mitte der Sokkelfläche und eiserne Öse auf deren Rückseite verweisen die ausdrucksstarke Figur in einen Altarzusammenhang. Die Schule des Künstlers und die Einbeziehung der Skulptur sind unbekannt, desgl. Erwerb und Zeit. Dargestellt ist

der Moment, als der Herr unmittelbar vor der Kreuzigung ermüdet auf einem Steinhaufen sitzt, während das Kreuz gezimmert wird.

GNADENBILD MIT MADONNA

Öl auf LW., 34,7 : 47,2 cm
1. Hälfte 18. Jh.
Inv. Nr. VM 6 (restaur. 1978)
III. Etage, Flur (= Raum 34; Farbtafel S. 68)

Die hll. Franziskus und Clara knien anbetend vor einem über ihnen erscheinenden riesigen Gnadenbild der Madonna. Diese ist in ein steifes, rot-weiß-blaues Brokatgewand gekleidet, mit goldenem Rankenmuster und goldenen Borten besetzt. Die Arbeit ist von sehr guter Qualität.

MUSIKANTENGRUPPE

15–17,5 cm hoch
um 1830, Ton, mit Ölfarben bemalt
Inv. Nr. VP 10
III. Etage, Flur (Raum 34, Vitrine)

Die Musikkapelle besteht aus sechs Musikanten mit verschiedenen Instrumenten und dem Kapellmeister. Sie gehört zu einer der beliebtesten Gruppen der Zitzenhausener Bauernkunst, von der Hand des Anton Sohn nach Vorlagen des Basler Satiremalers Hieronymus Hus. Auf vollplastische Wirkung angelegt, sind sie doch rückwärtig ausgehöhlt. Auf dem Sockel des Dirigenten ein Papierstreifen mit Noten und Unterschrift: „Nur rah, Hurrah, Hurrah!“
ebendort:

DER KARDINAL UND DER TOD

13 cm, bemalter Ton
um 1800
Inv. Nr. PV 11

Eine Umsetzung der 1805 abgeschlagenen Basler Totentanzfresken Holbeins durch Anton Sohn. Am Sockel wiederum ein Papierstreifen, der ein Zwiegespräch zwischen dem Kardinal und dem Tod wiedergibt.
Zitzenhausener Arbeit wie die Musikkapelle rechts davon (vgl. Parallelstück: Auktionskatalog M. Zeller, XXIII. Bodensee-Kunstauktion Lindau 1980, Nr. 493).
ebendort:

FIGURENGRUPPE MIT DARSTELLUNGSFOLGE DES JÜNGSTEN GERICHTS

10,5–12 cm
Ton, um 1800, bemalt
Anton Sohn, Zitzenhausen
Inv. Nr. PV 12

sowie:

WANDERNDER HÄNDLER

9 cm hoch, bemalter Ton, ca. 1820
Zitzenhausen, Werkstatt Anton Sohn
Inv. Nr. PV 13

sowie:

SALZFASS MIT DOPPELFIGUR

Ansichtsseite: Alte Frau mit Muff und Schürze
Rückseite: junge, kokette Frau mit Haube, Spitzen-

jacke und weitem Rock, dessen Saum sie hebt
bemalter Ton, 12 cm hoch
späte Zitzenhausener Arbeit, Mitte 19. Jh.
Inv. Nr. PV 14 (alle abgebildet S. 69)

DREI HINTERGLASMALEREIEN MIT DEN WELTTEILEN AMERIKA, ASIEN UND AFRIKA

18:24 cm
Tempera auf Glas
2. Hälfte 18. Jh.
Inv. Nr. V.h.g.g. 31a–c
III. Etage, Raum 34

Die Weltteile sind jeweils als zwei Figuren in einer Landschaft dargestellt.
Amerika: Zwei Indianer an einem Flußufer unter Palmen. Im Hintergrund zwei spitze Türme. Rechts im Fluß ein Krokodil und ein Segelschiff.
Afrika: An einem steinigen Felsenkliff an einem See zwei männliche Figuren, ein stehender Krieger mit Turban, Schwert und Lanze, vor ihm ein am Boden knieender Neger, halbnackt, eine Koralle fassend.

Asien: Um zwei Warenballen, ein Faß, eine rauchende Räuchervase gruppiert zwei mit Turban und weißen und braunen Gewändern gekleidete Mohammedaner, der eine mit einer langen Pfeife. Allgemein braun-weiß-wolkiger Hintergrund.
Die vierte Tafel, Europa, fehlt.
Ausführung und Farbigkeit sind im allgemeinen den „Vier Jahreszeiten“ im Raum 6 (Inv. Nr. V.h.g.g. 30a–d) verwandt, allerdings herrschen bei den Weltteilen die braun-roten Farbtöne vor, auch sind sie qualitativ weniger gut als jene. Wahrscheinlich auch Augsburger Schule aus der 2. Hälfte des 18. Jhs.

PRUNKGITTER VOM GRABMAL DER FAM. v. CURTABATT

Lindau-Aeschach, Alter Friedhof, 1707
Zinn.
Stiftung D. A. Jamin, München
III. Etage, Raum 35

datiert in der oberen horizontalen Abschlußleiste: Anno 1707. Sign.

KACHELOFEN

157:50:100 cm
ca. 1650
Inv. Nr. O 11
III. Etage, Raum 36

Kleiner rechteckiger grünglasierter Kachelofen mit vier Etagen. In der Mitte der einen Längsseite ein rechteckiges Ofenloch mit eisener Tür.

BLICK AUF LINDAU VOM HOYERBERG

38:49,5 cm
Öl auf Leinwand
um 1850
Inv. Nr. ÖLLD 27
III. Etage, Raum 36 (linke Wand)

Der Vordergrund zeigt ein Stück des Hoyerberges in romantisierender Darstellung mit Felsen. Der Eisenbahndamm zur Insel ist bereits vorhanden, dagegen die Bahn selbst noch nicht, woraus sich die Datierung ergibt. Im übrigen ist aber das Bild topographisch sehr genau. Man sieht z.B. die kleinen ehemaligen Häuser am Schachener Ufer, den Schwesternberg und andere Einzelheiten deutlich.

Im Blickwinkel und in der Landschaftsauffassung sehr ähnlich den Ansichten Lindaus des Schweizers Johann Jakob Biedermann in Winterthur und Konstanz, der aquarellierten Federzeichnung mit hohem Baum im Vordergrund um 1830 in der Lindauer Graph. Sammlung und der kolorierten Lithographie von Julius Greth von 1850 (zwischen Ofen und Schrank).

BLICK AUF DAS UFERGELÄNDE VON AESCHACH

51:72 cm
dat. 1827
R. Wiedemann
Inv. Nr. ÖLLD 14
III. Etage, Raum 36

Im Mittelgrund die Stadt Lindau, im Hintergrund See und Schweizer Uferberge. Im Vordergrund Weinberge und Weinlese mit figürlicher Staffage. Die Farbigkeit ist die für R. Wiedemann charakteristische: zarte gelbgrüne Töne in der Landschaft, gelbrot und braunlila in den Dächern der Häuser, mattes graublau und lilagrau im Hintergrund und im Himmel. – Als Besonderheit ist zu bemerken, daß das Zifferblatt der Uhr an der Aeschacher Kirche als Emailstück eingesetzt ist. – Links unten signiert und 1827 datiert.

RUINENLANDSCHAFT MIT REITERN

22:34 cm
Öl auf Leinwand
2. Hälfte 18. Jh.
Inv. Nr. ÖLLD 8
III. Etage, Raum 36 (Farbabb. unten)

Ruinen- und Burglandschaft mit figürlicher Reiterstaffage im Vordergrund, in Anlehnung an den Typ der kleinen, niederländischen Landschaftsbilder, wie er im 17. Jh. von Berchem oder auch von Wouvermanns – vgl. hierzu das Gemälde „Rast auf der Hirschjagd“ in München – vertreten wird. Zarte, lichtbunte Farbigkeit in delikater, qualitätvoller Malerei, graue, grüne, gelbliche Pastell-Töne in der Landschaft, kräftigeres Rot, Blau und Weiß vorn in der Staffage. Niederländisch, 2. H. 18. Jh. Doppelstück dazu auf gleicher Wand (ÖLLD 9) links.

BLICK VON WERTACH AUF DAS ALLGÄU UND PENDANT

87:135 cm
Öl auf Leinwand
um 1840, F. S. Lochbihler zugeschr.
Inv. Nr. ÖLLD 43, 44
Leihgabe Dr. A. Weitnauer, Kempten
III. Etage, Raum 36

Von sanften grünen Hügeln durchzogene Voralpenlandschaft, die im Hintergrund zu schroffen Felsen aufsteigt. Eine abendliche Sonne färbt Wolken und Himmel gelblich-rot, wird auf den Wiesen reflektiert und modelliert Hügel und Täler, schafft Hell- und Dunkelzonen. Im Bildmittelgrund Flußlauf, von kugelförmigen, niedrigen Bäumen begleitet. Im Vordergrund als figürliche Staffage eine Dame in biedermeierlicher Tracht.
Die linke Partie des Bildes tief verschattet, rechts hochaufragende Gruppe von Laubbäumen, von denen weitere vereinzelt in der Tiefe der Landschaft wiederkehren. Eine zweite Allgäulandschaft von gleicher Hand, deren Topographie genau zu belegen ist, hängt daneben. In der realistischen Schilderung, der Tiefenentwicklung der Landschaft von einem erhöhten Punkt aus gesehen und in der hellen klaren Farbgebung vergleichbar mit den in diesem Raum befindlichen Ansichten von Lindau, dem Gemälde des J. B. Weiß (I. Etage, Raum 3) und den Arbeiten des Schweizers J. J. Biedermann. Gute solide Landschaftsgemälde der Romantik um 1840, die sich Franz Sales Lochbihler zuschreiben lassen.

KERKERCHRISTUS

Lindenholz, 185 cm hoch, originale Fassung
um 1760, Bodensee
Inv. Nr. VP 6
ursprünglich in einer Kapelle in Enzisweiler
b. Lindau
III. Etage, Raum 37

Leicht überlebensgroße, bekleidete Figur Christi an der Geißelsäule von eindringlicher Realistik: voranschreitend, der Oberkörper nach rechts und vornüber geneigt, wohin die an die Säule gefesselten Arme ihn zwingen. Ein fußlanges, gegürtetes, am Hals und am Ärmel abgesetztes Gewand ist ihm angezogen. Scharf gezeichnet die großen Augen, die lange Nase, das schmale, bärtige Haupt, die zerfurchte Stirn (vgl. zum Typus: Katalog Nr. XXII „Internationale Bodensee-Kunstauktion" Michael Zeller, 1979, Nr. 2390, m. Abb.)